愉しみながら死んでいく

——思考停止をもたらすテレビの恐怖——

ニール・ポストマン 著
今井 幹晴 訳

三一書房

"AMUSING OURSELVES TO DEATH"
–Public Discourse in the Age of Show Business–
By Neil Postman

This edition published by arrangement with Viking, a member of Penguin Group (USA) LLC, a Penguin Random House Company
Through Tuttle-Mori Agency, Inc., Tokyo

目次

第二部

イントロダクション
出版二〇周年を迎えて

では……次に

二〇年前に出版された社会批評の本だって？　Ｅメールを書く、電話で返事をする、音楽をダウンロードして、オンラインでプレイステーションやゲームボーイで遊び、ウェブサイトで支払い、テキストでメッセージを送り、二、三人でＩＭ（インターネットを介して複数でテキスト文章をやりとりする伝達法。インスタント・メッセージ）やTiVoing（米国・カナダ・豪州・台湾で入手できるデジタル・ビデオ・レコーダー）をして、自分のTiVoingを読み、雑誌や新聞をブラウズするという時代に、新刊本を読むのに忙しいのに、それらをやめて、なぜ二〇世紀の、一世紀前の本を読むのか？　マジかな？

インターネット、携帯電話、ＰＤＡ（個人情報やメモなどの保存・照会をする携帯情報端末。パーソナル・デジタル・アシスタントの略）、数百チャンネルのケーブルテレビ、DVD、キャッチホン、発信者電話番号サービス、フラットスクリーン、高精細度テレビ、iPodなどがまだ現れていない時代、つまり一九八五年の世界について率直な怒りをぶちまけられて、あなたの世界観が揺すぶられるかもしれないって。

テレビがもたらす微妙で根深い危機について、かつては切実な予言をしたこの小著に、コンピュータ時代という現代を本当に感じられるだろうか？　この本が次のようなことを指摘したというのは本当だろうか？　テレビが教育、宗教、政治、報道などに関わるすべての公共生活をエンタテイメントに変えたということ。画像はいかに他のコミュニケーションの形式、とくに文字化された言葉をどのように蝕んでいったかということ。

テレビを求める人間の底知れない欲求が、視聴できないほどの番組を溢れさせ、思考の脈絡を壊し、ぼくたちが物事の真実の意味を見失うほど「情報過剰」になり、愉しんでいるうちに自分たちが何を失ったかに気づかなくなるということ……。このような本が読者や、二〇〇六年以降の社会にとって本当に役立つのだろうか？

読者こそ答えを知っていると思う。

ぼくにはこの本が十分役立つと思われるが、ニール・ポストマンの息子としての偏りがある。二〇〇六年の社会に生きるぼくたちの世代はテレビや技術をあがめているが、本書を読むことが真の挑戦と言える行為となり、誰かがスイッチをつけてくれて初めて暗闇だとわかるような世代の人間が、光を放つ知性に巡り合えるという確証がどこで得られるだろうか？　ニューヨーク大学でぼくの父から学んだ人たちの言葉を、ここで紹介するのはやめておく。父が教えた人たちは自分が卒業した大学、あるいは高校にもどり、父が本書でふれている教育課程を教えている。

　これらの優れた人たちは父と同じように遠く過ぎ去った時代の情報環境に生きた人たちであり、そういう人たちの偏りが彼ら自身を過去の時代の囚われ人にしてしまい、ぼくの父をも同じような囚われ人にして、現実の世界が見えず、こうあれと願望した世界しか見えていなかったからだ。ある人にとってはＲ指定（映画を見る際の年齢制限あり）に見えても、別の人にとってはＰＧ‐13指定（子どもには保護者の指導が望ましい）に見える。

　そうしたことを避けるためにも、ドイツ語、インドネシア語、トルコ語、デンマーク語、ごく最近では中国語など多数の言語に翻訳された本書の初版読者の意見を取り上げるのはやめておこう。そうした多数の初版読者は父に手紙を書き、講演会で長話をして父の議論がどれほど正しかったのかを伝えてくれた。二〇年間も続いたこうした人たちからの支えは誠実なものだったが、それらはおそらく時代遅れになっている。

これらの先生と学生、実業人と芸術家、保守主義者と自由主義者、宗教を信じない人々と教会へ通う人々、そして子のいる親たち、こうした人たちの意見はあえて無視しよう。伝説のロック・バンド、ピンク・フロイドを結成したロジャー・ウォーターズは、本書に影響されてソロ・アルバム『Amused To Death』[*1]を発表したが、ぼくはこういう意見も参考にしない。そうだろう、おやじさん。

では、誰の意見が適切なのか？

この本が出版されて二〇年後、何を語るべきかについて考えるために本書をもう一度読み返し、父が健在でいたら何を語るだろうかと考えてみた。父は二〇〇三年一〇月に、七二歳で亡くなった。ぼくは父を感じ取ることを通じて、本書が今もなおおもしろい読み物なのかどうか、判断できるのは大学生だということに、気づいた。

なぜ大学生かと言えば、一九八五年の情報環境とはまったく違う環境に生きている一八歳から二二歳までの人たちだからである。彼らのテレビとの関係は二〇年前とまったく違う。当時、MTVは幼児期後半に入っていた。現在は、スクロールするニュースや、画面の端にある宣伝ロゴ、「驚異の映像」番組、インフォマーシャル[*2]、九〇〇チャンネルは当たり前になった。そしてテレビだけが情報環境を支配するものではなくなっている。

ぼくたちが「画面を見る時間」とはコンピュータ、ビデオ・モニター、携帯電話、タブレット・コンピュータの前で過ごす時間のことだ。幾つものことが同時にできるのが標準になっている。地域社会は人口統計に置き換えられた。沈黙はコンピュータの雑音に置き換えられた。時代はまったく変わってしまった。

子ども、十代の青少年、親たち、高齢者、ぼくたちすべての人間にとって、時代は大きく変化してしまった。だが、大学生は純真さと世間慣れ、敬虔さと不敬さの狭間で、さまざまなグループに分かれている。現在の大学生が本書を読むとしても、おそらく誰もニール・ポストマンの名前など知らないだろうし、誰も父の考え方にふれたことがないだろう。父が教育、言語、幼年時代、技術といった主題について、二〇冊の本を書いたことも知らないだろう。従って、大学生の見方は適切であると言えるし、父の見方にあまり染まっていない。

何人か父の教え子に電話してみたが、その人たちは先生になり、自分の授業で本書を教えているが、そのような授業はテレビ、文化、コンピュータ、技術、マス情報媒体、コミュニケーション、政治、ジャーナリズム、教育、宗教、言語といった分野にまたがるものだ。先生たちの教えている学生は、この本についてどう思っているか、とくに内容が時機を得たものかどうか、尋ねてみた。先生たちは親切にも、文書や討論会を通じて学生の意見を把握していると教えてくれた。

ジョナサンという学生はこう答えた、「ポストマンは本の中で、今の世の中ではゆっくり物事を考える時間などないと言っていた。レストランへ行くと、みんな携帯でしゃべったり、ゲームやったりしてるよね。おれは一人で坐って考えることしか能がないんだ」。

次はリズの意見、「この本読むのには今のほうがいいんじゃないかな。現在はこの本が書かれた頃にはなかったケーブルテレビがあるから、エンタテイメントだけじゃないのがあるかどうか、授業で話し合ってみた。ポストマンの理論に反証をあげる番組がないかどうか。天気予報の番組じゃないかって、ある子が言ってたけど別の子はそういう番組はみんな竜巻かなんか見せて、面白くさせようとしてるじゃないかってね。たった一つあったけどケーブル／衛星公共事業ネットワーク（上・下院を含む米国議会を中心にした、政治専門のケーブルチャンネル）っていうの、誰も見ないけどね」。

次はキャラの意見、「先生たちはクラスの連中を愉しませてくれない本なんか、いい本じゃないって言ってたよ」。次はベンの意見だが、彼はクラスの教授に言わせると「クラス一の疑り深いやつ」なんだそうで、本を渡されたとき、うなり声をあげて「なぜこんな本読まなくちゃならないんだ?」と言っていた。

「ポストマンが言ってるよね、テレビはすべてのことを現在にしてしまうって。おれたちはその現在に生きてるんだし、この本は古い本だからこきおろすわけ」。次はレジナルド、「この本はテレビの本じゃないよ」。サンドラの意見、「この本は間違いなく二〇〇四年の大統領選の選挙戦と討論を、ターゲットにしてる」。

別の学生はアーノルド・シュワルツェネッガーがカリフォルニア州知事に立候補すると宣言したのは、テレビ番組「ザ・トゥナイト・ショー」でだったと発言した。次はマリアの意見だが、「テレビを見てると、物事を単純化しすぎたり、断片化して考えたりするらしいけど、そういう考え方をしてるとアメリカの州が急進派と保守派の二極に分かれてしまうんじゃないかな」。

ある学生は「聖書マガジン」という新しい定期刊行物が出版されたと述べ、表紙はティーン向けのデザインで、表紙の特集見出しには「神に近づくための上位10情報」とある。その学生は「宗教がＭＴＶ（ミュージック・テレビジョン。24時間ポップスのビデオクリップを流すケーブルテレビのチャンネル）もどきの扱いになってる」と言っていた。別の学生は注意欠陥障害と診断される子どもが増えているのは、テレビが子どもに常に刺激を与え続けているってことを暗示してんじゃないかなと、不安気味だ。

ケイトリンはこの本を読んでから、専攻学科をジャーナリズムに変えた。アンドリアは情報媒体倫理に関心のある学生にこの本を薦めている。マイクはこの本で行なわれている議論についていけない学生だったが、そういう人でもこの本を読み続けて、刺激を受けるべきだと言っていた。ベンのクラスの教授によると、「左翼系の学生でも右翼系でも」多数の学生が、父の言う「では……次に」という考え方を認めている。

アンカー解説者が微笑みながら大声で「では……次に」と言うと、性的暴行事件や5アラーム火災[*3]や地球温暖化などの恐ろしい出来事がレポートされる。「では……次に」というコメントは、間をおかずに歌手ジャネット・ジャクソンの乳首がシャツから浮いて見えたといったニュースや、ライト・ビールのコマーシャルに移るよという合図でもあり、規模や価値がでたらめで共通点のないニュースをつなぎ、一貫性がなく、ちょっと異常でもある。

女性の先生に言わせると、学生はこの本の著者の語り口が気に入ったそうで、本当に話じょうずだという。彼女は「学生が知っている本や人物についての、ポストマンの語り口が気に入ったようです」と言っていた。アリソンの意見は、「ポストマンは人のことをけなさないのね、芸術や詩について遠回しにふれるだけ」。マットは皮肉っぽく、「ポストマンは画像を一枚も使わずに愉しませてくれるよな」。

ある女性の先生は教え子がポストマンから受けた印象について、「彼は専門用語なしに語ってくれるので、学生はそういうのを尊敬するのよ。学生たちが彼と会話している感じになるだけじゃなく、いろいろと考えさせてくれるから」。別の教授の意見は、「テレビ局の目的は芸能事業や扇情的な政策を展開すること、そしてお金をもうけること、学生たちはそういうことに気がついたようです。今までそういうことに気がつかなかったこと自体が驚きですね」。

偏りのない意見を長々と話したつもりだが、どうやらぼくはこの本の価値を確かめるために下準備をしたようだ。Y世代（一九九〇年に一〇歳代になった世代）は読書を好きになる理由と同じぐらい、好きになれない理由があると思われるが、そのY世代の一部が本当に多数の支持をしてくれた。ある教授は二五人の学生をクラスにかかえていて、全員に本を読ませたところ、二三人がこの本の考え方をほめたり、励まされたと感想文に書いたそうだ。残り二人は時間の無駄だという意見だったのだろう。九二％の支持率？　誰も考えていなかったことで、ましてや政治家には、そんな数字は考えられない。

もちろん、この本を批判した学生もいた。そういう学生たちは、自分にとって親友みたいで、喜びと慰めのよりどころであるテレビを攻撃されたのが気に入らず、自分の文化を自分の手で守らねばならないと感じたのかもしれない。自分の親こそテレビ世代であり、自分はインターネット世代でこの本の論旨は適切ではないと考えたという学生もいた。

ぼくの父は変化についていけず、書かれた言葉やそうした文化に育まれた倫理観を賞賛していたと考える学生もいた。その学生はテレビが良い意味での社会変革をもたらしたことや、テレビが人を差別なく平等にする力を備えていたことを、父が認めていないと思っていた。テレビはリモコン、多重チャンネル、ビデオ・カセット・レコーダー、デジタル・ビデオ・レコーダーなどを普及させ、自分好みの番組予定をつくり、コマーシャルを省略できるようにしたことに全責任がある、という父の評価には反対した学生がいた。父に対する共通した批判は、解決策を示すべきだったという意見だ。練り歯磨をいったん絞り出したら元に戻すことはできないのだが、では現在の問題点は何か？

答えはこうだ。父が一九八五年に述べたことはまったく正しかった、まさしくぼくたちはテレビ漬けになって自分をダメにしてきた……では何故この本を読むのだろうか？

ある女性教授がこの本を読み「電子情報媒体断食」という実験を行なった。学生たちは二四時間電子情報媒体を断食する。教授の話によると、この実験を発表したとき、学生の九〇％がたいしたことはない課題だと思ったようだ。しかし、携帯、コンピュータ、インターネット、テレビ、カーラジオなどを一日中使わないでいるのがどういうことかわかったとき、「学生たちはブツブツ文句を言い始めた」ようだ。

教授は本を読むことは許していた。二四時間のうちおよそ八時間は眠って過ごせるが、あとはしんどい一日になるよと教え子に諭した。教授が作った規則は、例えば電話を受けたり、何気なくメールを点検したりして断食をやめたら、始めからやり直すということだった。

その教授は次のように述べている。「わたしが受け取った報告書には驚きました。学生たちがつけたタイトルは『生涯最悪の日』や『私の最良の経験』、というようにとにかく極端でした。『もう死にたいと思った』というのもありました。『テレビをつけたいと思ったけど、やれやれ、つけてしまったら、もう一度やりなおし』。女性にしろ、男性にしろ、お得意の情報媒体があって、この子はテレビ、この子は携帯、この子はインターネットやPDA（携帯情報端末）だったりするでしょう。

断食がどんなにいやでも、電話の呼び出し音を聴くだけで電話を受けないことがどんなにつらくても、その子たちが何年もの間やっていなかったことを実行してみるんです。友達を訪ねて通りを歩く。いつもより長いこと会話する。ある学生はこう書いています、『今まで一度もやらなかったことをやろうと思った』。そういう経験は変化をもたらしました。

心を動かされたのか、一ヶ月に一回自分で断食をしようと決めた学生もいました。授業では古典文学や現代文学の読み合わせもしました。プラトンやアリストテレスから現代文学まで。何年か後になって、その学生たちがしばらくぶりの手紙をくれたり電話をしてくれたりするんですが、一番印象に残っているのは情報媒体断食だって」。

本書は情報媒体断食と同じような行動に導く本だ。父の言葉を引くと、「照会状とか……悲嘆の声みたいなもの」。確かにそうだが、この本は意気を高揚させる。何かをやりなさいと熱意を込めて励ましてくれる。毎日見ているテレビのニュース番組にカウンターパンチを食らわせるものだ。ニュース番組とは「話になる情報しか与えてくれず、行動を伴わない不活性なもの」。

父は歴史を愛し、総合的記憶の天才であり、風変わりな表現だが「目を開いてくれる影響力」のあった人で、決して過去に生きたことはない。父の本はぼくたちの生き方をもっと抜かりのないものにして、もっと現実と深い関わりをもつように勧めてくれる。彼の考え方は今でもこの本の中にあり、父は亡くなってしまったが、ハクスリーの『すばらしい新世界』（英国の作家A・ハクスリーの未来小説。一九三二年刊行）の住人であり、この本をよりよく理解できる新世界が新時代を築き上げるときがきたのである。

本書が出版されてから二〇年もの歳月が経過するとは誰にも予測できなかった。かつてはこの二〇年という歳月は一世代だけが生きる歳月であったように思われたが、今は三世代ほどの世代が生きられる歳月のように思われる。すべての物事が変化していく。父が別の本に書いているが、「変化が変わる」。

本書が出版されてから、多くの変革が起こった。若者はニュース番組を見なくなった。ニュース制作局の善悪とりまぜた訴えにもかかわらず、ニュース番組の放送網と娯楽番組制作局はより複雑に絡み合っている。コメディ・セントラル（コメディ専門のケーブルテレビ局）が放送している「ザ・デイリー・ショー」（一九五四〜二〇一〇年にNBCが放送したトーク番組）の司会者ジョン・スチュワートは、この点についてCNNテレビの社会問題の討論番組「クロスファイアー」を批判しているが、その理由は公共向けの情報伝達《パブリック・ディスコース》や社会のためにもまじめなニュース番組と芸能番組との区別をつけるべきだとしている。

「ザ・デイリー・ショー」のホストは自分たちが話している言葉さえ理解していないようだ。サウンドバイト[*4]はもっと短くなる傾向があり、こうした言葉が示す笑えるほどの無意味さを指摘する人間もいなくなり、そういう指摘さえ無礼だと思われるようになってきた。父が一九八五年に発言した言葉だが、「テレビがわたしたちにどのような影響を与えたかという疑問さえ聞かれなくなってきた」。

フォックス・ニュース[*5]が開局し視聴率を伸ばしてきたのも確かだ。複数の情報媒体企業を支配する複合企業体も進出してきた。ぼくたちが関わっている情報媒体企業は、ぞっとするような戦争の映像をもはや毎日のニュースとして取り上げないだろう。四〇年前は果敢にも取り上げていたが、二〇年前になると取り上げなくなった。画像の質、例えばコンピュータやビデオゲームの現実感覚指数ははるかに向上した。

インターネット、とくにピアトゥピアネットワーク[*6]のおかげで、実際には存在しない地域社会が存在する。オープンソース運動[*7]が推進されたおかげで、協力して創造力を高めることができるようになり、リナックス[*8]のオペレーティング・システムが使えるようになった。

しかし、これとは別の現実にある地域社会が消滅するようになった。定期集会を開いていたクラブに入会する人が少なくなり、夕食を一緒に食べる家族が減り、友達付き合いを続ける人がいなくなり、かつてのような隣人との付き合いをする人も減ってきた。アメリカの教育を改善するための手がかりとして、学校内にコンピュータを設置することをのぞむ学校の理事会、政治家、企業経営者が多くなってきた。

アメリカ人がテレビを見て過ごす時間はそのまま変化なく、毎日四時間半が平均となっている。六五歳になると、テレビの前で誰にも邪魔されずに一二時間も過ごす人もいる。幼児肥満も増えている。子どもたちの関心を引くものが増える一方で、もう関心を引かなくなったものもある。過去より将来への希望がもてるかもしれないし、希望が薄れたのかもしれない。

本書と同じように現実感のある予言が魅力となっている本がある。英国の作家ジョージ・オーウェルは恐ろしい未来像を予知し、その未来像を恐れた人はたくさんいたが、今ではその現実感は失われたようだ。もう一人の英国人作家オールダス・ハクスリーも恐ろしい未来像を予知したが、その未来像はあまり知られていず、それほど恐ろしくもなく、批評の対象にならなかった。ぼくの父はハクスリーの考え方について説得力をもって述べたが、父の発言は別の時代、つまりテレビの時代についてのものだった。

現代は新たな技術と情報媒体が優勢となっている時代だ。このことは何にも増して本書が適切な読み物であることを裏づけている。幸運にも、父は適切な質問を掲げており、その質問はテレビ以外の技術、変化をもたらす開発技術、一九八五年以降および父の死去以降に生じた出来事、さらに現在はまだ到来していないが何世代か先に到来する事象などについての質問だった。つまり、父の質問は過去と現在と未来を含む、すべての時代の技術と情報媒体についての質問であった。

そういう技術や情報媒体に心酔してそそのかされたら、ぼくたちはどうなるだろう？　自由になるのか、それとも自由を奪われるのか？　民主主義は改善されるのか、改悪されるのか？

ぼくたちの指導者はそういう技術や情報媒体についてよく説明してくれているだろうか？　ぼくたちの国家システムは透明になるのだろうか、不透明になるだけなのか？

指導者はぼくたちを良い市民に、あるいは賢い消費者にしてくれるだろうか？　そのための引き換え条件には価値があるのだろうか？　もしそうした条件に価値がなく、新たな情報媒体と単に接続しているだけで、来たるべき技術や情報媒体を受け入れねばならないとしたら、情報媒体を制御するためにどんな戦略があるのか？　尊厳だろうか？　意義だろうか？

ぼくの父は一部の人が考えているほど意地悪な人ではない。彼に欠けていたのは楽観性ではなく、確実性だった。父はこう書いている、「わたしたちは未来を賞賛したり非難したりしないよう気をつけねばならない、未来は驚異を秘めているからだ」。父は、一部の人が考えているように、あらゆるテレビ番組を恐れていたのではない。ガラクタ番組でも結構イケる人なのだ。父は書いている、「『特攻野郎Aチーム』（一九八三〜八七年にNBCが放送したアクションドラマ）や『チアーズ』（一九八二〜九三年にNBCが放送し最高視聴率を記録した連続コメディ）は国民の健康にとって害にはならない。『60ミニッツ』（一九六八〜　CBSが放送しているニュース番組）、や『アイウィットネス・ニュース』（画像中心のニュース構成とアクション中心の映像が特徴の地方テレビ局のニュース番組）や『セサミ・ストリート』は害になる」。

父の教え子であり現在は教師になっている人が、自分の教えている学生たちは本書についてどう評価しているかを語ってくれた。学生たちは五、六年前に感じていた評価より現在の評価のほうが高まったという。教師はこうも言っている、「最初に出版された頃、この本は時代の先を行っていて、その先進性を理解できない人がいた。二〇世紀に二一世紀向けの本が出版されたわけです」。

本書が出版されてすぐ、翌年の一九八六年、波紋が広がり、父はＡＢＣのテレビ番組「ナイトライン」に出演してテッド・コッペルと話し合ったが、番組のテーマは人間がテレビを管理するのではなく、テレビに人間を管理させたら社会にどういう影響を及ぼすかということだった。その際、テレビ世代は短時間しか注意を集中できないことや口当たりのいい内容だけを好むゆえに、どのような意味のある意思の伝達《ディスコース》をもダメにしてしまう、という父の考え方が明らかになったシーンを思い出す。父はこう語った、「テッド、例えばね、わたしたちは文化について重要な議論をしてきたが、三〇秒もしないうちに車や歯磨を売るコマーシャルのために話を中断しなければならない」。

テレビ放送網では珍しくまじめな人だったコッペル氏は、顔をしかめて笑っていたが、あれは疲労のせいだったかもしれない。コッペル氏はこう言った、「その通り、ポストマン博士、一〇秒かもしれない」。

それなら、時間はまだ残されているわけだ。

アンドリュー・ポストマン
ニューヨーク、ブルックリンにて
二〇〇五年一一月

〈＊訳注〉

1 **『Amused To Death』**　ロジャー・ウォーターズが一九九二年に発表したアルバム。日本語題名「死滅遊戯」。ビル・ハバードという人物の人生を見つめる一貫性ある曲構成。

2 **インフォマーシャル**　元は米国のテレビ局が深夜番組に流した5分間以上のCM。米国でpaid programming、欧州でteleshoppingといい、日本ではBSやCATVで採用されているCM形式。アナウンサーや俳優などが出演して商品を延々とほめたたえる。

3 **5アラーム火災**　アメリカの都市の消防署は、火災の規模を5段階で表示している。5段階目の5アラームは隣接する都市の消防署にも救援を求める火災。

4 **サウンドバイト**　政治家や有名人の長い発言を、インタビュアーやニュース解説者が短く切り詰めた、新聞の見出しのような言葉。聞き手やテレビ局の意図で作られるので、元の発言を誤って伝えやすく、脈絡を失っているため、複数の解釈ができるものもある。

5 **フォックス・ニュース**　アメリカ最大の情報媒体複合企業体ニュース・コーポレーション社（CEOはルパート・マードック）の子会社フォックス・エンタテイメントが所有するCATV局。二〇〇九年四月現在、全米の約一億にのぼる世帯が視聴している。

6 **ピアトゥピアネットワーク**　インターネット上でのみ視認でき、どのステーションからもアクセスできる装置ノードがあり、同じような機能や資格を備えたネットワークを、コンピュータでアクセスすること。

7 **オープンソース運動**　インターネット上で無料ソフトなどの情報源コードを公開して、誰もが共有できるように推進する運動。一九八四年ソフト開発技術者R・ストールマンが始めた無料フリーソフトウェアの開発・普及運動は、ソフトウェアは特定の組織や団体や個人が所有するものではなく、人類の共有財産であり、誰もが開発や配布に参加でき、自由に使用できるという理念に基づく。

8 **リナックス**　階層型として設計されたオペレーティング・システム（ＯＳ）の中枢として使う、ユニックス系のＯＳ。

一九八五年に……

一九八五年を振り返るなら、こういう思い出は笑えるだろうが、そんなことは不要かもしれない。振り返らないのなら、笑ってやりすごすだけだ。ただこの本に書かれている当時の出来事を明確にするには役立つと思う。

合州国の人口は二億四〇〇〇万人。ミハイル・ゴルバチョフがソ連の指導者になったが、冷戦はまだ続いている。合州国大統領はロナルド・レーガン。他の政治上の人物には、二年前からの民主党大統領候補のウオルター・フリッツ・モンデール、モンデールの副大統領候補ジェラルディン・フェラロ、大統領有力候補／上院議員ゲイリー・ハート、元宇宙飛行士ジョン・グレン。ニューヨーク市長エド・コッホ。政治家候補者についての有力な情報媒体顧問デヴィッド・ガース。

高視聴率番組として、「ダイナスティ」、「誰がＪＲを殺したか?」がこのテレビ王国を独占した後の数年間人気のあった「ダラス」、「特攻野郎Aチーム」、「チアーズ」、「ヒル・ストリート・ブルース」。夜のニュース番組の人気アンカーには、ダン・ラザー、トム・ブロウカウ、ピーター・ジェニングス。公営テレビ局の番組として支持されたが、低視聴率を続けた夕方のニュース番組「ザ・マクニール／レーラー・ニュースアワー」と、その後継番組「ザ・ニュースアワー・ウィズ・ジム・レーラー」。テレビ伝道師は隆盛の時代を迎えていた。人気伝道師には、ジミー・スワガート、パット・ロバートソン、ジム・バッカー、ビリー・グラハム、ジェリー・ファルウェル、ロバート・シューラー、オウラル・ロバートソン。視聴者の誰もがスポーツ番組を解説する声として、長い間認めていたハワード・コウセルがその後引退した。ショー番組「エンタテメント・トゥナイト」と、ケーブルテレビ放送網MTVは数年前に登場し、天井知らずの成功をおさめた。シリーズのコマーシャルとして人気があったのは、トラベラーズ・チェックを持っていくのを忘れた広域旅行者を扱ったクレジット・カード、アメリカン・エクスプレス。「えり周りにつくシミのリング」を洗い落とすのに使う洗剤、ウィスク。父はこのコマーシャルについて、挑発的で愉快なエッセイ「えり周りのシミについての寓話」を書いた。

このとき、マックのコンピュータは一歳、USAトゥデイ紙は三歳、ピープル誌は一〇歳になる。ルース・ウェストハイマー博士はラジオの人気番組に出演し、優しいおばあちゃんのような率直さでセックスについての質問に答える。アフリカ系アメリカ人はブラックと呼ばれる。マルティナ・ナヴラチロワは世界一の女性テニス選手。トリヴィア・パスーツは最も売れた盤上ゲーム。父が引き合いに出したコメディアンのシェッキー・グリーン、レッド・バトンズ、ミルトン・バール、女性歌手のディオンヌ・ワーウィック、テレビのトークショー番組の司会者デヴィッド・サスキンドの人気は、このときすでに最盛期を過ぎていた。

アンドリュー・ポストマン

原著者まえがき

わたしたちは一九八四年に注目してきた。その年が来ても、予言は実現しなかったので、思案していたアメリカ人は自分たちを称えた。自由民主主義の根は伸びなくなっていた。脅威が存在していた場所には、オーウェル（一九〇三〜五〇　英国の作家。作品に『一九八四年』など）の描いた悪夢は訪れていなかった。

しかし、オーウェルの暗い予言とならんで、わずかに年代が古く、わずかに知名度が低いが、同じように恐ろしい別の予言があった。オールダス・ハクスリーの『すばらしい新世界』。教養のある人たちの間で信じられていたこととは反対に、ハクスリーとオーウェルは同じことを予言したのではなかった。オーウェルは外部からの抑圧によって支配されることを予言した。だがハクスリーの予言には、人間の自立や成長や歴史を奪うビッグ・ブラザーはいない。その予言によると、人間は抑圧を愛するようになり、人間の考える能力を取り戻させることのない科学技術を崇めるようになる。

オーウェルが恐れたのは焚書を行なう人間。ハクスリーが恐れたのは本を読みたいと思う人間がいないので、焚書を行なう理由がない状況。オーウェルが恐れたのはわたしたちから情報を奪う人間。ハクスリーが恐れたのは情報をふんだんに与える人間で、わたしたちは無抵抗で利己主義になってしまう。オーウェルが恐れたのは真実が隠ぺいされること。ハクスリーが恐れたのは、わたしたちが『すばらしい新世界』に登場するフィーリーズ、オージーポージー、遠心性バンブルパピーといったような遊具に夢中になり、文化自体が取るに足らない些細な文化になってしまうこと。ハクスリーが『すばらしい新世界再訪』で述べているのは、正反対の専制政治に警戒態勢をしいていた市民の自由意志論者や合理主義者が「人間の底知れない破壊に対する欲望を計算に入れなかった」こと。ハクスリーは述べているが、『一九八四年』に登場する人間は苦しみによって制御されているが、『すばらしい新世界』に登場する人間は愉しみによって制御されている。要約すれば、オーウェルはわたしたちが嫌いなものがわたしたちを破滅させることを恐れた。ハクスリーはわたしたちが好きなものがわたしたちを破滅させることを恐れた。

本書は、オーウェルではなくハクスリーが正しかった可能性についての本である。

訳者まえがき

本書には三つのまえがきがあるのに恐縮ですが、本書を読まれる前に著者の略歴や参考にして頂きたい点を記しておきます。本書はアメリカのペンギン・ブックスから二〇〇五年に出版された、ニール・ポストマンの『Amusing Ourselves To Death』の全訳で、著者の一八冊の著作のうちの代表作（一九八五年出版）。世界各国で翻訳され、以後三〇年近く売れ続け、著者の息子アンドリューが二〇〇五年版に新たなまえがきを加えています。原書の副題《サブタイトル》は「ショー・ビジネス時代の公共向け情報伝達」となっていますが、本訳書では内容をわかりやすくするために「思考停止をもたらすテレビの恐怖」としました。

アンドリューは二〇年経ってもなお、同時代の読者にとってふさわしい内容なのかどうかを確かめたかったからです。彼の結論は、当時の若い読者が時代の流れを超えた価値を見出したということです。二〇〇五年のアメリカでは、インターネットを含む様々な電子情報媒体が広く使われており、現在の日本の状況と似ています。そして本書の内容が時代の移り変わりに風化されないことを実証してくれました。

著者ニール・ポストマンは一九三一年ニューヨーク市生まれ。ユダヤ系のニューヨーカーとしてニューヨークで生活し、二〇〇三年に肺がんで亡くなりました。ニューヨーク州立大学フレドニア校ではバスケットボールの選手でしたが、その後教職の道を進み、一九五九年から私立ニューヨーク大学（NYU）の教師として教壇に立ち、大学を卒業して教師になる人のための先生として、三八年間という長い教師生活を送りました。

著者は本書の中で、印刷物・電信・ラジオ・テレビといったコミュニケーションに関わる情報媒体同士の「群雄割拠」の様子を斬新な視点から述べ、それぞれの情報媒体が社会に普及しながら、その利用者の認識機能に与えた偏りを明らかにします。彼は情報媒体の移り変わりを示すのに「変遷」や「推移」というような表現を使わず、「地球上の人間の認識機能を戦場にして、情報媒体が陣地取りを行なった」という視点に立っています。このような情報媒体論は、他に類を見ません。専門的な表現を少しも使っていませんが、平易な表現が示す意味について理解しておく必要があります。そこで二つのキイワードを前もって理解されると、読み進めていきやすいと思います。

それは「メタファー metaphor」と「パブリック・ディスコース public discourse」の二つです。メタファーは修辞学上の比喩とか隠喩といった間接的な喩えですが、本書では人間による言語表現だけではなく、印刷物・電信・ラジオ・テレビなどもメタファーを駆使する〈主体〉として扱われています。情報媒体は人間の認識機能に影響を与えるという目的を持つからです。二つ目のパブリック・ディスコースは、論理に沿って考えられた公共向けの意思伝達という意味を担っています。メタファーと同じように、印刷物・電信・ラジオ・テレビが独自のパブリック・ディスコースを通じて人間の認識機能に影響を与えるのです。ともに多くの意味を持つため、文脈に合わせて表現を変えてあります。

また、第四章「活版印刷の精神」は一八五〇年代の南北戦争期が背景で、全体が少し長く、退屈かもしれませんが、ここを読み通すと、第二部第六章「ショービジネスの時代」以下の面白さと同時に恐ろしさがよくわかります。スティーブン・スピールバーグ監督の映画「リンカーン」の冒頭にエイブラハム・リンカーンが戦場にあって、北軍の黒人兵士と語り合う場面がありました。兵士二人が大統領を見つけて話しかけ、大統領の演説を暗記していることを示すために、たった一度だけ耳にした演説の一部を、間違うことなくスラスラと語ります。この二人の発話能力と聞き取り能力が、第四章の主題になっています。同時代の作家ハーマン・メルヴィルが一八五一年に発表した小説『白鯨』に見られる膨大な文章量の基底にあるのも、同じ発話能力と聞取り能力です。

二〇一三年に、現代のアメリカ人の発話能力と聞取り能力が健在であることを示す出来事が、様々な情報媒体で報じられました。マサチューセッツ州に住むお母さんが、一三歳の息子へのクリスマス・プレゼントとして買ってあげたiPhoneにまつわる物語です。お母さんはそれを必要な時に息子に貸すということにして、一八項目の誓約を取り交わし、その五番目に「iPhoneを学校に持って行ってはいけません。メールでやり取りする相手とは直接会話を愉しみなさい。会話は生きていく上で大事なスキルです」と記します。これは著者が本書を通じて主張したことの一つでもあります。発話と聞き取りの能力が乏しくなったのはアメリカ人だけでなく、日本人にも同じことが言えそうです。

ここでは新たに社会生活に台頭してきた機器や装置は、今までに存在しなかった思い込みや考え方を、当の利用者にそっと植え付けることを記憶しておいてください。例えば、コンピュータは即時の検索と大量の情報処理が可能なので、世界中で起きている社会問題も即時の検索と大量の情報処理によって解決できるから、社会参加などあまり意味がないと思い込んでしまいます。携帯電話の所有者は、自分を中心にした交流ネットワークを夢想し、それがいつも身近にあるから、交際など煩わしいと考えてしまいます。

日本の官庁や企業の権力者たちにとって、政治や経営のやり方に余計な口出しをする人間が徐々に少なくなっていくのですから、彼らにとっては好都合な社会になってきました。ポストマンが著者のまえがきで、未来の管理国家を描いた二つの著書、ジョージ・オーウェルの『一九八四年』とオールダス・ハクスリーの『すばらしい新世界』を引き合いに出している理由は、こういう点にあります。

しかし、冷静に考えると、ネットワークには中心も末端も存在せず、存在するとしたら、通信回路を通じて送受信される信号であり、これも肉眼では見ることができません。ネットワークは実社会から、まさにクラウドのように孤立して浮遊しています。

このような状況にあっても、歌舞伎・能・沖縄の島唄の台詞や歌詞を文字を見ずに語り歌える人たちは、発話能力と聞き取り能力を、きちんと維持しているはずです。

本書を通じたポストマンの主張を、日本に当てはめて考えてみます。テレビは日本人の日常生活にとって、洗濯機や冷蔵庫などと比較にならないほど暮らしに溶け込んでいる機器です。冷蔵庫や洗濯機と違い、テレビが与える認識機能への影響は広く深いものです。広いというのは、テレビはエンタテイメントだけではなく、政治・宗教・芸術・スポーツなど、広範囲にわたる分野を扱っているという意味です。深いというのは、意識の世界だけではなく無意識の世界にも影響を与えるという意味です。テレビの影響力を理解していくために、スポーツ番組の野球中継について考えてみます。

野球場へゲームを観戦に行った人が、フィールドで奇跡的なプレイを見たとします。バッターがサヨナラ逆転満塁ホームランを打ったとか、内野手がトリプル・プレイをやってのけたといったプレイですね。実際に野球場で体験した感動は、心の深いところに届き、その人の生き方を変えてしまうこともあります。感動を胸に抱いた人は自宅に帰って、テレビでその場面を確かめたいと思うはずです。テレビ局もその場面を、スポーツに関係のない番組でも録画として挿入し、繰り返し何度も何度も再生します。

野球場に行かないでテレビ中継ばかり見ている人の場合を考えてみます。テレビを見るのは愉しい時間を過ごすためであり、ここで人間が備えている食欲や性欲と同じような、視聴者の欲望が介入してきます。「もっともっと」愉しい番組が欲しいという欲望ですね。テレビカメラが奇跡的なプレイをとらえた画像は、力強い感動を与えますが、画像がもたらす感動は、野球場での実体験より短命です。お笑い番組で同じ画像が再生されると、笑いが感動を変質させ、さらに短い時間しか記憶されず、記憶は消滅していきます。

テレビ中継から受け取る、ピッチャーの表情・キャッチャーの後姿・観客の表情・電光掲示板・コマーシャルといった膨大な量の画像は、進行中の攻防にかかわる情報や、画面の中での野球場という観念や、ゲームの進行全体についての流れを伝達してくれます。しかし、こうした伝達の受信が視聴者個人の内面で消費されるだけにとどまるなら、実社会へ戻って日常生活や仕事に取り掛かる際に、これからの自分を動かしていく認知力や生き方に成長していきません。野球を趣味の範囲にとどめず自発的に野球に関わろうとする意思や、人生にとって大切なものを野球から学ぼうという理念に発展していきません。自分以外の人のために、多数の人に関わる平和や幸福を維持するために、個人が奉仕しなければならない社会活動には発展していきません。

ニール・ポストマンは、コミュニケーションに関わる機器や装置の利用を否定しているのではなく、注意して利用しないと、機器や装置が備えている負の影響力をまともに受けますよ、と警告しています。そのために機器や装置が備えている負の影響力を、ひいては科学技術そのものが有する負の影響力を詳しく述べています。負の影響力を受けた認識機能を、自然な認識機能へと復調させ、機器や装置を健全に活用していくにはどうしたらよいか、そういう問題に対処するための手がかりを与えてくれます。

なお、読みやすくするために適宜文章に行替えをしました。
また原書でイタリック表記された部分は、太字で表記しました。

第一部

第一章　情報媒体は譬え《メタファー》である[*1]

アメリカの歴史の中では、さまざまな都市が国の中心となり、アメリカ精神をふるいたたせる影響をその周辺に与えてきた。例えば一八世紀後半、ボストンは政治における急進主義の中心となり、ボストンで弾丸が発射されると、その音は世界中にとどろいた。弾丸は別の地域を狙ったのではなく、ボストンの近郊を狙ったものだった。[*2]その銃声が聴こえると、南部のヴァージニア州を含む国中のアメリカ人が、心を通じたボストン市民になった。一九世紀半ば、ニューヨークは人種や文化のるつぼという観念を表す象徴、少なくとも非英国領という象徴となった。世界中から入国を拒否された貧しい人々がエリス島に上陸し、英語以外の言葉やもっと異なった生活様式が全土に広がっていく。

二〇世紀前半には、巨大な食肉産業と強い風で有名なシカゴが、アメリカ産業に活力と覇気をもたらす象徴となった。シカゴの街のどこかに豚屠畜者の像[*3]があれば、それはアメリカの鉄道、畜牛、製鋼所、そして事業投機が盛んになった時代を想い起こすために建てられたものだ。像が建っていなければ、自由の女神像がニューヨークの時代を想い起こさせるように、ミニッツマン（米国独立戦争時の民兵）の像がボストンの時代を想い起こさせるように、その地に建てられるべきだった。

現在、わたしたちはネバダ州ラスベガス市が、アメリカの特質や未来をあらわすと考えねばならず、九メートルの高さのスロット・マシーンやコーラス・ガールの広告看板をラスベガスの象徴として使っている。ラスベガスはそのままエンタテイメントという観念を呼び起こす都市となり、この観念自体が文化の精神であることを宣言する。このような文化の精神では、すべての公共向けの情報伝達《パブリック・ディスコース》はますますエンタテイメントという形式をまとうようになる。アメリカの政治、宗教、ニュース、スポーツ、教育、商取引は、ショー・ビジネスのための愉しい添えものとして姿を変えられていったが、そのような事態になることは前もって知らされず、一般に伝えられることもなかった。その結果、アメリカ人はエンタテイメントに熱中して愉しむ人間になった。

これから述べるように、現在（一九八五年）の合州国大統領（ロナルド・レーガン）はハリウッドの元映画俳優だ。一九八四年、大統領候補の一人となった挑戦者（ジョン・グレン）は、一九六〇年代のテレビ番組で最も魅力ある役を演じた人物、いわゆる宇宙飛行士だった。もちろん、地球大気圏外での冒険はすでに映画化されていた。元大統領指名候補ジョージ・マクガバンは、テレビで人気のあるショー番組「サタデイ・ナイト・ライブ」のホストを務めていた。マクガバンには売出し中のライバル候補者、バプチスト派の聖職者ジェシ・ジャクソン師がいた。

ところで、元大統領リチャード・ニクソンは、かつて自分のメイクアップ係がさぼったために選挙に負けたと発言し、上院議員エドワード・ケネディに対して厳しい大統領選に勝つために助言したことがあった。九キロ減量しろというのだ。合州国憲法に書かれているわけではないが、太った人は高級官僚になるための選挙には出馬できない。当然、禿げた人も出馬できないだろう。メイクアップ専門家の腕で魅力を引き出せないような人も、間違いなく除外されているはずだ。アメリカ社会は、政治家が優れた管理能力を備えているべき専門領域で、化粧品が観念論に取って代わるところまできている。

アメリカのジャーナリスト、つまりテレビのニュースキャスターはこのことを見逃さなかった。脚本よりもヘア・ドライアーに時間をかけた結果、最も魅力のあるラスベガス風の人種になった。連邦通信法に述べられているわけではないが、カメラ映りの悪い人物は「今日のニュース」で国民に話しかけることはできない。カメラ映りの良い人物だけが年間一〇〇万ドルを給料を要求できる。

アメリカのビジネスマンは、われわれの時代よりもずっと以前に、自分たちの商品の品質や有用性よりも、商品の魅力を見せる技巧のほうが優先するということを知っていた。実際に、アダム・スミスが称賛し、カール・マルクスが非難した、資本主義原理の半分が的外れである。アメリカ人より良質な車を製造すると言われている日本人でさえ、トヨタの年間の広告費が示している通り、パフォーミング・アート（身体の動きで表現するボディ・アート、ビデオ・アートなど）のほうが経済よりずっと科学的であることをよく知っている。

ごく最近のことだが、福音伝道師ビリー・グラハムが喜劇俳優のシェッキー・グリーンやレッド・バトンズ、歌手のディオンヌ・ワーウィックらとゲスト出演して、喜劇俳優の大御所ジョージ・バーンズがショー・ビジネスに入って八〇周年を迎えたことを祝うテレビ番組を見た。グラハム師はバーンズと来世を迎える準備をするというジョークを交わしあっていた。聖書にそういうことが書かれているわけではないが、グラハム師は視聴者に向かって、神は人を笑わす人を愛されると説いていた。彼はＮＢＣテレビ（全米三大ネットワークの一つ）を神とみなすという単純な思い違いをしてしまった。

心理学者ルース・ウェストハイマー博士は人気のあるラジオ番組やナイトクラブのショーに

出演して、聴衆に向かってセックスについて語った。セックスについての様々な話題や、かつては寝室や街角だけで使われていた言葉を使って、ビリー・グラハム師のような調子で聴衆を愉しませ、次のように語った。

「わたしはいきなりジョークを話せないの。調子が出てくると話すけど。皆さんがわたしのことを芸人と呼んでくださるのは光栄ね。大学教授がユーモアのセンスを交えて教えると、よく憶えてもらって帰っていくわ」。

ウェストハイマーは人々が何をよく憶えたのか、憶えたことをどう使うかについては話さなかった。しかし核心をついているのは、芸人になるのは素晴らしいという発言だ。アメリカという国では、人を愉しませる才能や容姿を備えていれば、牧師、スポーツマン、企業家、政治家、教師、あるいはジャーナリストでさえ、神はどんな人でも愛してくれる。残りのごく少数が人を愉しませる本職の芸人である。

文化のあり方を観察し懸念している人、つまり本書のような本を読む人は、今まで述べてきたような例を珍しいこととは考えず、ありがちなことと考えるだろう。アメリカ人の公共向けの情報伝達《パブリック・ディスコース》がなくなって、ショー・ビジネスの技術に変わったことを観察し記録してきた評論家に落ち度はない。しかし、そうした評論家のなかで、公共向けの情報伝達がさして重要なことではなくなった、そのことの発端や意味合いについての物語を述べようとした人はいなかった。このような事態について活発に書いてきた評論家は、現在の事態をもたらした原因が消耗しつくした資本主義の残りかすだと述べている。あるいは反対に、資本主義が成熟した後に残された味気ない果実だとか、フロイトの時代に生じた神経症による影響だとか、人が神を傷つけた報いだとか、何かにつけて引き合いに出される貪欲や野望がもたらした結果だと述べている。

わたしはこうした説明のすべてを慎重に吟味してみたので、評論家から学ぶものは何もないと言うつもりはない。マルクス主義、フロイトの系譜、文化人類学者クロード・レヴィ＝ストロース派、そして創造科学者（生命や世界は神が創造したとし、科学的事実を否定する人々）さえ軽視すべきではない。いずれにせよ、これから話さねばならない物語が偽りのない事実に近いものであれば、驚かざるを得ない。ハクスリーがどこかで言っていたように、わたしたちは皆そろって大いなる不精者になってしまった。つまり、わたしたちには偽りのない事実を知る知恵がなく、自分たちが信じている偽りのない事実を話す時間もなく、偽りのない事実を受け入れるだまされやすい聞き手もいないという意味だ。

しかし読者が本書で見出す論議は、多くの先人たちのものよりははるかにはっきりと事態を理解しているると思う。論議の価値というのは、常にそのようなものだが、バランスのとれた見方に備わっている率直さにあり、そうした見方は二三〇〇年前にプラトンが行なった考察に由来する。論議において人は対話する形式に注意を集中する。また論議は次のことを要求する。つまり、どのように対話するべきかが、どのような観念を上手に述べられるかということに、大きな影響を与える。そして、どのような考え方を上手に述べられるかということが、確実に文化の重要な内容となる。

わたしは「対話」という言葉を一つの喩え《メタファー》として使ったが、これは単に話すことだけをいうのではなく、特定の文化を共有する人々がメッセージを交換し合えるすべての技法や技術を示す。このような意味ですべての文化は対話であり、もっと正確に言えば、多様な記号様式を使って行なわれる対話の集合体だ。ここで注目したいのは、話し言葉による一般向けの意思伝達の形式がどのように調整したり指示することによって、その形式から内容を生じさせるのかということだ。

単純な具体例の説明として、煙による信号（狼煙《のろし》）という原始の技術について考えてみたい。わたしは狼煙を使ってアメリカの先住民たちがどのような内容を伝えたのか正確に知らないが、この信号が哲学の論議を伝えたものではないといっても差しつかえないだろう。煙の塊は複雑すぎて、自然の中に存在するものの観念を伝えられない。観念の伝達ではなかったとしても、チェロキー族の哲学者は自分の哲学の第二公理にたどり着くかなり前に、薪《たきぎ》と毛布を使い果たしてしまうだろう。煙は哲学には使えない。煙という形式は内容を伝えない。

日常生活での例をあげてみよう。初めのほうであげたように、アメリカ合州国第二七代大統領であった二重顎で体重一三〇キロのウィリアム・ハワード・タフトのような男が、現代の政界に乗り出すのを想像できるだろうか。書かれた文字、ラジオ、あるいは狼煙を通じて公衆に話しかけようとしても、人間の体型とその人が示す観念体系とは、おおむね釣り合わないものだ。しかしテレビでは釣り合う。体重一三〇キロある巨体が画像で話をしたら、話し言葉によって伝えられる論理の正確さや、宗教の精妙さを簡単に壊してしまうだろう。

テレビにおける一般向けの意思や情報伝達は、見た視覚映像によって伝えられるので、テレビは言葉ではなく画像によって会話を行なうと言われている。画像を扱う専門家が政界に現れたことと、話し言葉の書き手がいなくなってきたことは、テレビが他の情報媒体とは異なる内容を求めるという事実を証明している。政治哲学をテレビで論じることはできない。テレビの形式は内容を伝えないからだ。

もう少し複雑な例をあげてみよう。情報あるいは内容、お望みなら「今日のニュース」を成立させる「ネタ」というものは、表現する情報媒体がない世界には存在しない、あるいは存在できなかった。とは言っても、火災、戦争、殺人事件、恋愛事件といった出来事は、世界の国々で起こってきたし、現在も起こっている。つまり、そうした出来事を報道する技術がないと、人間は出来事に立ち会えないし、日常の仕事に出来事を取り込めないという意味だ。

そのような情報は文化を形成する内容の一部として存在しえない。「今日のニュース」と呼ばれる内容があるという観念は、電信によって作られたもので、電信以降に現れた情報媒体によってさらに強化され、思考の脈絡からはみ出した情報を信じがたい速度で広大な空間に伝えることが可能になった。「今日のニュース」は技術にすがる想像力が作り上げた虚構だ。ニュースが情報媒体の作り上げた出来事だというのは、当たっている。

世界中で起こっている出来事の断片を知ることができるのは、わたしたちが手にしている複合情報媒体の形式が、断片化された会話に適しているからである。光速で伝わる情報媒体が存在しなかった文化、つまり最も効率よく空間を伝わる手段が狼煙であるような文化には、「今日のニュース」は存在しない。形式を作り出す情報媒体がなければ、「今日のニュース」はありえない。

わかりやすく言うと、本書は二〇世紀後半における最も重要なアメリカ文化の実態を調べ、これに哀悼を捧げるものである。すなわち活版印刷の時代が終わり、テレビの時代が到来した。この情報媒体の交代が、公共向けの情報伝達《パブリック・ディスコース》の内容と意味合いを、劇的かつ不可逆に変えてしまったのは、印刷物と電波という情報媒体が大きく異なりすぎて、同一の観念を使えなくなったからだ。印刷物の影響力が衰退したため、政治、宗教、教育、その他の公共事業に関わる内容を変化させる必要が生じ、テレビにとってふさわしい内容に作り変えねばならなかった。

今述べたことが、マーシャル・マクルーハンの警句「情報媒体《メディア》はメッセージである」と同じように怪しいと思われるなら、わたしの考え方がマクルーハンのものと関連性があることを認めよう。マクルーハンは別だが、著名な学者はこういうことを認めないのが現代の風潮になったようで、近頃は口を閉じてしまう。三〇年前にマクルーハンに会ったとき、わたしは大学院生であり、マクルーハンは無名の英文学教授だった。

その当時も信じ、今も信じているのは、マクルーハンは預言者としてのジョージ・オーウェルとオールダス・ハクスリーの伝統を受け継いでいるということであり、文化を見通すためには話し言葉で伝える方法についてよく知っていなければならないという彼の教えは、今でも正しいと考えている。こうした考え方に興味を抱いたのは、マクルーハンよりもはるかに素晴らしく、プラトンよりずっと昔にさかのぼる預言に、初めて感動したからだと言い添えておきたい。

わたしは若い頃に『旧約聖書』を勉強し、情報媒体という形式は特定の内容を好み、そのため文化を支配することができるという暗示を得た。わたしが言っているのは十戒であり、その第二条には、イスラエル人はどのような物事についても有形のイメージを心に宿すなと戒めている。「汝、如何なる偶像をも心に刻むことなかれ、天の上にあるもの、地の下にあるもの、地の底の水にあるものに似た、いかなる偶像をも心に刻むことなかれ」。

そのとき、わたし以外の人も考えたことだろうが、イスラエル人の神が人間の体験を象徴化するかどうかという教えを、なぜ取り入れたのか不思議に思った。**これを書いた者が人間のコミュニケーションの形式と文化の質との関連を想定していない限り**、倫理体系の一部にそういう教えを取り入れろというのは、おかしな命令だ。思い切って推理してみよう。

抽象としての普遍的な神のイメージを思い描けと言われたら、人間は絵を描いたり、彫像を作ったり、観念を形のある図像形式として描く習慣に従って、普遍的な神を思い描けないということになってしまう。ユダヤ人の神は聖書のなかに、あるいは「聖書」を通じて存在するため、神は最高度の抽象思考を必要とする、前例のない概念となる。

こうして図像を描くことが神への不敬となり、新たな種類の神が文化に登場する。言葉を中心とした文化から画像を中心とした文化へと移行しつつあるわたしたちのような人間は、モーゼの戒めを考えると有利になる。しかし、もしわたしの推理が間違っていたとしても、文化が必要とするコミュニケーションのための情報媒体が、知的偏見や社会的偏見を形作る大きな支配力を振るっているとする仮説は、その通りであり実際に意味があるものだと、わたしは信じる。

もちろん、会話は最初に必要となる情報媒体だ。それは人間を育て、人間として生かしてくれ、実際に人間とは何かという意味を明確にする。このことは、他にコミュニケーションの手段がなかったら、すべての人間が同じ話し方をするほうがずっと便利だと言っているのではない。わたしたちは言語についてよく知っており、言語構造に見られる多彩さが「世界観」と呼ばれるものの多彩さにつながることを理解している。

時間と空間について、また出来事と過程について、人間がどのように考えるかという問題は、言語に見られる文法上の特徴によって大きな影響を受ける。だからといって、世界がどのように構成されているかを理解するとき、すべての人間の精神は皆同じだと考えるべきではない。

そうではなく、話し言葉を超越した会話のための多種多様な道具について考えるときに、異なる文化のなかにはどれほど多彩な世界観が存在するかを考えるべきなのだ。文化は話し言葉が創造するものだが、コミュニケーションのための情報媒体の移行、つまり絵から始まり、象形文字、アルファベット、テレビへと、情報媒体が移っていくごとに、文化は改めて再生されている。

それぞれの情報媒体は、言語そのもののように、思考、表現、感性に新たな方向を定めることで、言葉による独特な意思伝達の様式を作り出す。このことこそマクルーハンが情報媒体はメッセージだと言った意味である。だが、マクルーハンの警句は修正の必要があり、そのままではメッセージと一つの喩《メタファー》えを混同してしまう。

メッセージとは世界についての明確で確実な意見の表明だ。わたしたちが現在手にしている情報媒体の形式は、会話を可能にする象徴を備えているが、そのような意見を表明しない。情報媒体の形式はむしろ一つの喩《メタファー》えであり、控え目だが強力な暗示で、現実について独自の定義を押し付ける。

話し言葉、あるいは印刷物、あるいはテレビカメラという認識のレンズを通じて、わたしたちが世界中で起きている出来事を経験する時、情報媒体は一つの喩《メタファー》えであるという定式は、わたしたちのために世界を分類し、配列し、表現し、拡大し、縮小し、色づけし、世界がどのようなものかというテーマについて語る。

ドイツの哲学者エルンスト・カッシーラーは次のように述べている。

「象徴を使う人間の活動がひろがるにつれて、自然の現実は後退していくようだ。事物そのものと関わるかわりに、人間はある意味でつねに自分と会話を交わすようになる。言語形式や、芸術の造形や、神話の象徴や、宗教儀式の中にのめりこんでしまい、人工の情報媒体の介入なしに物事を見たり知ったりすることができない」。

そうした情報媒体の介入が独特であるのは、情報媒体の役割はわたしたちが何を見て何を知るかを指示しているのに、わたしたちはその役割に気づかないところだ。本を読む人や、テレビを見る人や、腕時計をチラリと見る人は、そういう日常の行動によってその人の精神がどのように統合され制御されているかについては関心がなく、本やテレビや腕時計がどのような世界観を示すかについてはさらに関心がない。しかし、とくにわたしたちの同時代人にはこういうことに気づいている男性や女性がいる。例えばアメリカの文明批評家ルイス・マンフォード（一八九五～一九九〇　米国の建築・文明評論家、歴史学者）はそれに気づいた人であった。彼は単に時刻を知りたいためだけに時計を見るような人ではなかった。普通の人間の関心事である、時々刻々と時を告げる時計の仕掛けに関心を抱く人でもなかった。マンフォードは、どのようにして時計が「時々刻々」という観念を創出したかということに関心を抱いたのである。彼は時計が明らかにしてくれた哲学、たとえ《メタファー》としての時計に注意を向けたが、わたしたちの時代の教育はそうしたことにほとんど触れようとせず、時計工でさえそれに触れようとしなかった。

彼はこう結論している、「時計は一つの動力機器であり、秒や分という『製品』を作り出す」。時計はそういう「製品」を作り出すことによって、人間に関わる出来事から時間を分離し、数学で計測できる因果連鎖という独立した世界の価値を高めた。時々刻々というのは、神の概念でもなく、自然の概念でもないことが明らかになった。人間が作り出した時計という機器について、またそのような機器を通じて、人間は自分自身と会話を交わすようになる。

マンフォードの優れた著書『技術と文明』を読むと、一四世紀の初頭、時計がわたしたちを作り変えて、まず時間をはかる人間に、次に時間を節約する人間に、さらに時間を消費する人間にしたことがわかる。この過程で太陽や四季を信じなくなったのは、秒や分から成り立つ世界では、自然というものの権威が弱まっていくからだ。もちろん、マンフォードは時計の発明によって、永遠の時が人間界の出来事をはかる基準や視点として使えなくなったと指摘している。

こうした関連性に気づいた人はわずかだったが、時計のチクタクという音は啓蒙思想を勧めた哲学者が書いた全論文よりも、ずっと効果的に神の権威を弱めていった。つまり時計は人間と神との新たな会話形式を導き、神はその形式において敗者のように見えた。おそらくモーゼは別の戒めを加えねばならないだろう。汝、機械を用いて時間の偶像を造るなかれ、と。

文字が人と人との会話に新たな形式を与えたことは、現代の学者の間ではよく知られている。話された言葉を耳で聴くより目で見られるのは重要なことだが、先ほど述べたように、わたしたちの時代の教育はこの点についても触れていない。だが音声を表記することは、知識というものの新しい概念を創り出し、知性や聴衆や子孫というものについての新たな意味を作り出したことは明らかだ。プラトンはこのことをテキストが進歩していく初期段階で認めている。彼は第七の手紙でこう語っている。

「知性のある人なら、あえて哲学の見解を言語として、つまりとくに修正できなくなる言語として、言い換えれば書き留められた文字が事実となる言語として表現しないであろう」。

とは言っても、プラトンは多くの著書を書いており、哲学の見解を書かれた文字として記録することは、哲学の終わりではなく始まりであることを誰よりもよく知っていた。哲学は批判がなければ成り立たず、書かれた文字は思考を持続し集中した精査を可能にする。

文字を書くことで話し言葉を保存することにより、文法家、論理学者、修辞学者、歴史家、科学者を生み出した。これらの人々は言語を目の前にして、それが何を意味するか、どこが間違っているか、読む者をどのように導いていくかを読み取ることができる。

プラトンはこうしたすべてのことを知っていた。というのは、書かれた文字が知覚に変化をもたらすことを知っていたのだ。つまり言葉を受け取る器官が耳から目へ移行したという意味だ。彼はこの移行を促すため、アカデミーに入学する前の学生たちに幾何学を学ぶよう勧めたという伝説がある。事実だとしたら、それは素晴らしい考え方であり、このことについて優れた文芸評論家ノースロップ・フライは次のように述べている。

「書かれた言葉には単なる思い出よりも強い力があり、現在に過去を再生し、懐かしい記憶ではなく、呼び覚まされた幻覚のように輝く強烈さを与える」。

プラトンは書かれた文字がどのような結果をもたらすかを予測していたが、このことは話すことが複雑な会話の唯一の情報源であるような文化を研究した人類学者が十分に理解している。ノースロップ・フライが示そうとしたように、書かれた言葉が単に話声の木霊ではないことを人類学者は知っていた。

要するにそれは別の声であり、第一級の手品師に匹敵する謎である。言葉を書くことを思いついた者にとっては手品のように見えたに違いない。古代エジプトの神トト（鳥の頭を持つ知性と学芸の神）は国王タムウスに書き物を送らねばならなかったと伝えられているが、トトが魔術を使う神であったことも驚くにはあたらない。

現代の人間は、書かれた文字がとりたてて不思議だとは思わないが、口述だけに頼る人間にとっては、書かれた文字が奇妙な魔術のように思えたのを人類学者は知っている。それは人が介入しない会話であり、すべての人を対象にした会話でもあるからだ。テキストに対して疑問を抱いたときに、沈黙しか返ってこないことが、どれほど奇妙に思えただろう？

どんな作家でもしているように、見えない読者に向かって語りかけることが、どれほど超自然の謎と思えただろう？　また、見知らぬ読者が不満を示したり誤解したりしないように、自分で校正するというのは、口述による人間の目にどう映っただろうか？

これらの疑問すべてについて考えてみよう。何故なら現代に生きる人々が、書かれた文字という魔術から電子技術《エレクトロニクス》という魔術へ向かう、大規模で身震いするような移行をどのように経験しているのかを書くことが、本書の目的であるからだ。わたしは次のようなことを指摘しようと思っている。書かれた文字や時計といった技術を文化に導入するのは、経験や記録を次世代に引き継いでいく人間の能力を拡張することではなく、人間の思考方法、さらには文化の内容を変えていくことだ。これが情報媒体は譬え《メタファー》だという意味である。

わたしたちが学校できちんと教えられたように、比喩《メタファー》はあるものを他のものと比較して、それがどのようなものであるかを示唆する。この示唆という機能のおかげで、心のなかで概念が固定され、あるものが他のものなしには想像できなくなる。光は波である。言語は樹木である。神は賢明であり敬うべきものである。精神は知識によって光が届く暗い洞穴である。これらの隠喩《メタファー》がもう時代遅れだと考えるなら、物事の必然として、適切な他の暗喩《メタファー》を見つけねばならない。光は粒子である。言語は河である。哲学者バートランド・ラッセルが言うように、神は微分方程式であり、精神は耕されるべき庭である。

しかし、情報媒体＝具体的なもの《メタファー》は、右にあげた一つの象徴《メタファー》のようにはっきり明示されておらず、あるいは目の覚めるようなものでもなく、はるかに複雑なものだ。たとえ《メタファー》としての機能を理解するために、情報の象徴形式を、情報の源泉を、情報の量と速度を、またどのような思考の脈絡で情報を体験するのかを、考慮に入れておくべきなのである。

これらのことを理解するには、深く探求しなければならない。例えば、時計は時間というものを生活から切り離し、数学での正確な連続性として再生した。書かれた文字は精神というものを、経験が書き込まれるべき書字板として再生した。電信はニュースというものを、日用品として再生した。

わたしたちが作り出したすべての道具に、道具そのものを超えるような考え方が刻み込まれているなら、そうした探求は容易になる。すでに指摘されてきたことだが、たとえば、一二世紀における眼鏡の発明は視覚障害を改善しただけではなく、障害を生まれたときからのものとして受け入れてしまわないような考え方、あるいは時間を浪費するものとして受け入れてしまわないような考え方を示した。

眼鏡という道具は、肉体も精神も改善できるという考え方を示し、最後は解剖しかないと信じることに異議を唱えた。わたしは一二世紀における眼鏡の発明と、二〇世紀における遺伝子の分裂についての研究とは、関連性があると考えている。

顕微鏡は日用品ではないが、顕微鏡のような道具であっても生物学ではなく心理学に関わる驚くべき考えが刻み込まれている。外側からは見えない驚異の世界を見せてくれる顕微鏡は、精神の構造を見せてくれる可能性を示している。

もし事物が目に見える通りでなかったら、たとえば細菌が皮膚の上や下の見えない所にひそんでいたら、もし目に見えないものが見えるものを制御していたら、本能衝動や自我、超自我といったものがどこか見えないところにひそんでいることもありうる。精神分析は精神を見るための顕微鏡ではないだろうか？

　精神は人間の使う道具が作り出した一つの象徴《メタファー》から生じたのでなければ、精神という考え方はどこから生じたのだろう？　知能指数が一二六だというのはどういう意味なのだろう？　人間の頭の中には数字などない。知性には量や大きさがないが、わたしたちがそう信じれば別である。何故わたしたちは量や大きさを信じるのだろう？

　何故なら精神がどのようなものかを示してくれる道具を手にしているからだ。実際に、女性の「体内時計」について話すとき、「遺伝子記号」について語るとき、顔を本のように読み取るとき、顔の表情が意思を伝えてくれるときに、思考に関わる道具はわたしたち自身の身体がどのようなものかを示してくれる。

　イタリアの天文学者ガリレオ・ガリレイが、自然の言語は数式に書き込まれていると述べたとき、ガリレオは一つの喩え《メタファー》を使った。自然そのものは何も語らない。身体や精神も何も語らず、本書の視点にそって言えば、身体は政治の力について何も語らない。わたしたちが使うことができるとか使うことが便利だと見なした「言語」がどのようなものであれ、自然や自分自身についての会話は「ことば」を使うことによって実現する。

わたしたちは自然や知性を、あるいは人間の欲求や観念論を肉眼で見ることはなく、言語として見るのである。そして言語はわたしたちの情報媒体。わたしたちの情報媒体は象徴《メタファー》を意味する言葉。わたしたちの一つの喩え《メタファー》は文化の内容を創り出す。

〈訳注〉

1　**メタファー metaphor**　修辞学の一つで「譬え《たと》」。この言葉は本書全体を通じて重要な意味がある。新聞やテレビが譬え《メタファー》だというのは、新聞やテレビが生《なま》の出来事や事件を作り出せないので、情報媒体によって伝達される情報は喩えを使ってしか表現できないからである。さらに特定の出来事、人間の知性や欲求や観念は眼に見えないので、文字や画像で表現しなければならない。つまりあらゆる情報媒体は間接的な表現をとらざるを得ない。

2　**ボストン近郊からの銃声**　ボストンは英国からピューリタンの入植者が、北米北東部に建設した都市。一八世紀後半、ボストン虐殺事件やボストン茶会事件など、アメリカ独立戦争における幾つかの重要な事件の舞台となった。ボストン市や周辺地域でバンカーヒルの戦いやボストン包囲戦などいくつかの戦闘が行なわれた。

3　**豚屠畜者の像**　一八世紀半ば、シカゴは農業を主要産業として、東部地域に送り出す小麦を集める都市となった。一八四八年には穀物取引所が開設され、豚屠畜産業も発展し、最大の家畜収容頭数を誇るユニオン・ストックヤードが開設された。

第二章　認識機能[*1]としての情報媒体

本書を通じて、アメリカにおける情報媒体《メディア》＝一つの喩え《メタファー》が大きく交代し、その結果、言葉で考えていることを公に伝えることが危機的に無意味なものになったことを示したい。こういう観点から見ると、これからの章における課題は単純明快になる。まず印刷機が支配した時代のアメリカにおける言葉による意思伝達がどのように現代のものと異なっていたかを示してみよう。当時の会話・論説は一般に一貫性があり、まじめで、理にかなっていたが、テレビが支配する時代になり、どのように考えを話す《ディスコース》ことが古臭くなり、笑いのネタとなっていったかを示したい。

ただ、わたしの分析を学者がこぼすお決まりのグチ、つまりテレビが作り出したガラクタをある種のエリート主義者が単純にけなしているものと解釈されたくない。最初に断っておきたいが、わたしの目的は認識機能について述べることであり、審美批評あるいは文学批評ではないということだ。もちろん、わたしは人に劣らないほどガラクタを愉しむほうであり、印刷機がグランドキャニオンを満タンにできるほどのガラクタを作り出したことをよく知っている。印刷機が作り出したガラクタに相当するほどのものを、テレビはまだ作り出していない。

だから、テレビが作り出すガラクタに異議を唱えるつもりはない。テレビが作り出す最良のものはガラクタなのであって、人や物がガラクタに脅かされるわけではない。とりわけ、文化を批評するのは取るに足りないことが大量に生じるからではなく、重要ではないことが重要だと伝えられてしまうからである。問題にしたいのは、テレビが抱えている野望が強大になったとき、またテレビ自体が文化に関わる会話を伝えるものになったとき、テレビが取るに足りないことにこだわるようになり、その結果、脅威となるということだ。

皮肉にも、知識人や批評家はテレビが取るに足りないことにこだわるように願っている。彼らが問題なのは、テレビをまじめに理解しようとしていないところだ。テレビは印刷機と同じように、誇張の多い哲学程度のものだと考えている。テレビについてまじめに語ろうとすれば、テレビの認識機能について語らねばならない。これ以外の論議は取るに足りないことである。

認識機能は複雑で、つねに不明瞭な対象であり、知識の起源や特質に関わる。ここでその対象の一部として適切だと思われるのは、真実を定義するときの重要性であり、そういう定義が生じてくる情報源である。とくに真実の定義のうち少なくとも一部は、コミュニケーションのための新聞、雑誌、ラジオ、テレビなどの情報媒体の特徴にその情報源があり、その特徴を通じて情報が伝えられることを明らかにしたい。情報媒体が人間の認識機能にどのように影響を与えるかについて議論していきたいのである。

この章の見出し「認識機能としての情報媒体」が何を意味するのかを簡単に述べるには、ノースロップ・フライ（一九一二～九一 カナダ出身の社会・文明批評家）が「共鳴」と呼ぶ原理を使っているので、この言葉を借りたいと思う。彼はこう書いている、「特定の文脈にある特定の文章が、共鳴を通じて広く行き渡る意味深さを習得する」。フライは最初の例として「怒りのぶどう」という言葉をあげているが、これはエドム人が虐殺される運命にあることを祝う「イザヤ書」（BC八世紀後半、エルサレムで活躍した預言者イザヤの書）の文脈で初めて使われた言葉だ。フライは続けてこう述べている。

「この言葉は『イザヤ書』の文脈から、多数の新たな文脈へと移されていったが、新たな文脈では単に人間の傲慢さを表すのではなく、人間が運命に立ち向かう尊厳を表すようになった」。

フライはこう述べた後、共鳴という観念に語句や文章を超えた広い意味を与えていった。演劇や物語に登場する人物、例えばハムレットや、ルイス・キャロルのアリスは共鳴となる。物質も共鳴となる。多数の国も共鳴となる。「寸断された二つの国、ギリシャとイスラエルの細かい地理上の特徴が、われわれの意識に強い印象を与え、実際にその国を見たかどうかに関わらず、想像上の世界地図の一部に収まる」。

フライは共鳴の情報源という問題について、一つの喩え《メタファー》こそ共鳴を生じるエネルギーだと結んでいる。つまり、語句や書物や人格や歴史などをまとめあげ、人間の様々な心構えや経験に意味を与えるエネルギーだ。このようにしてアテネは知的な風土の暗喩《メタファー》となり、ハムレットはくよくよしている優柔不断の隠喩《メタファー》となり、アリスの旅は意味上のナンセンス世界で秩序を求める比喩《メタファー》となる。

これからはフライから離れて、彼の言葉を活用していきたい。フライは反対しないと思う。わたしはコミュニケーションに関わるすべての情報媒体（新聞・雑誌・ラジオ・テレビなど）には共鳴があると言いたいが、それは共鳴がある事物の特徴を、似たような、あるいは関係する他の事物を借りて表現することそのものであるからだ。情報媒体という言葉の語源や、この言葉を使うときの限定された思考の脈絡がどうであれ、情報媒体は新たな思考の脈絡や予期しない思考の脈絡へと超えていくエネルギーを備えている。

情報媒体がわたしたちの精神を整え、現実世界の経験をまとめる方法を通じて、人間の意識や社会制度に、情報媒体そのものを無数の形式で押し付けてくる。情報媒体は敬虔、善、美という概念に影響を与える力を示すことがある。また、真実という概念を定義し規制する方法には、つねに影響を与える。

こういうことが起こってくる理由、つまり情報媒体が備えている偏りがどのように文化の上に重くのしかかってくるかの理由は、目に見えないが察知できるので、その理由を説明するために、真実を語るための三つの例を示してみたい。

第一に西アフリカの民族を取り上げる。この民族は文字を持たなかったが、高度な話し言葉の文化があったので、民法という概念に形式を与えることができた。部族内で争議が起こり、族長の前に陳情者が現れ、不平不満をぶちまける。彼らには守るべき法律が存在しないので、族長の仕事は格言や言い伝えが蓄えられている膨大な記憶のなかから、その状況に相応しく、両方の陳情者を等しく満足させるようなものを探し出すことになる。事が終わると、すべての関係者は正義が行なわれ真実が守られたことを認める。

読者は気づかれたかもしれないが、これは口述文化に生きてきたイエスや聖書に登場する人物が使ってきた方法であり、そういう人物は真実を発見し解明する手段として、記憶のための道具、慣用表現、寓話などから、会話に役立つ情報源を探し出してきた。

米国の海外文学研究者ウォルター・オング（一九一二〜二〇〇三）が指摘しているように、口述文化における格言や言い伝えは間に合わせの手段ではない。「格言や言い伝えは絶え間なく使われる。思考の本質そのものでもある。格言や言い伝えなしには思考を広げられなかったのは、思考が格言や言い伝えのなかに存在していたからだ」。

現代人が格言や言い伝えにたよるのは、たいてい子ども同士のケンカや、子どもを相手にした口論を解決するときだ。「占有は九分の勝ち目」、「先んずれば、人を制す」、「急いては、ことを仕損じる」。これらの格言は、若者とちょっとした口論をするための形式だが、「真剣な」判決が下される法廷で使うと、いかにも法廷をバカにしたように聞こえる。

法廷の執行吏が陪審に対して評決に達したかどうかを尋ね、陪審から評決を受け取るが、その評決が「過つは人の常、許すは神の業」というような格言か、もう少しましな「カエサルのものはカエサルに返し、神のものは神に返せ」であったらどうだろうか？　判事はほんの少し微笑むかもしれないが、陪審の口から即座に「真剣な」言葉が聞かれなければ、有罪の被告人よりもずっと重い判決を言い渡すかもしれない。

判事・弁護人・被告人は、格言や言い伝えを法廷での論争に使えるにふさわしい回答だとは見なさない。彼らが使っている情報媒体＝思想を伝える手段＝わかりやすい格言での例証は、族長のものとは異なっている。文書を重視する法廷では、法律書や訴訟事件摘要書や召喚状その他の文書は、真実を追究する方法を明確にして系統立てるためにあるので、昔からの言い伝えは共鳴する力を失っているようだが、完全に失っているわけではない。

　法廷での証言は書かれた言葉ではなく、話し言葉が証人の精神状態をよりよく反映しているという仮定のもとに、口述によって行なわれる。法廷では、陪審員候補者はメモをとることを禁じられ、判事が法を解釈したコピーさえ与えられない。陪審は真実を「聞く」ことを求められ、その反対である「読む」ことは求められない。このように法律における真実という概念では、共鳴が衝突しているとも言える。

　一方で話し言葉の力が信頼され、話し言葉だけが真実を伝える。他方で書かれたものに対するより強い信頼があり、とくに印刷物に対する信頼は強く残っている。ただし、詩・格言・言い伝え・寓話・他の口述に基づく知識はほとんど受け入れられない。法律は法律家や判事が書くものだ。わたしたちの文明では、弁護人が賢明である必要はなく、要点をよく把握しておく必要があるだけである。

　これと同じような矛盾は大学教育にも見られ、ほぼ同じように共鳴が伝わっている。そこで第二の例。話し言葉は真実を伝える優れた方法だという考え方に基づいて、幾つかの伝統が残っている。しかし、ほとんどの場合、大学における真実に関わる概念は、印刷文字の構造と論理に結びついている。この点を例証するため、中世に行なわれていた「博士号の口頭試問」と呼ばれる儀式が現在も広く実施されているので、試問を受けたわたしの個人経験を述べておきたい。中世と言ったのは、当時の学生はつねに口頭で試験を受けており、この伝統は現代に受け継がれ、博士号候補者は自分の書いた論文を口頭で説明しなくてはならない。しかし書かれた論文こそが最も優位にあるとされている。

わたしが覚えている限り、何が真実を語る適切な形式かという問題が意識して問われることはまずなかった。候補者であったわたしは自分の論文に脚注を立て、次のように引用の典拠を明示する。

「一九八一年一月一八日、ルーズベルト・ホテルにて、アーサー・リンゲマンとジェロルド・グロス立会いのもとに、研究者（わたし）に対して述べられたものである」。

この引用は五人の口述試験官のうち四人以上の注意を引いた。つまり、これは典拠の明示方法としてふさわしくなく、著書あるいは論文からの引用にすべきだと言われたのだ。ある教授はこう言う。「きみはジャーナリストじゃないんだ。学者になりたいんだろう？」。わたしはルーズベルト・ホテルで聞かされた話が出版されていなかったため、次のような理由で自分を弁護した。

すなわち、その話を聞かされたときに複数の証人がいたこと、彼らは引用の部分を正確に証言できること、考え方を伝える形式が真実を語るには不適切であったこと。わたしは自らの雄弁さに陶酔し、自分の論文が三〇〇冊にのぼる参考文献に触れており、口述試験官がすべての文献を正確に調べるのはとても難しいと主張した。

つまり、どうして話し言葉の引用ではなく、出版物による引用のほうが正確だ**と考えるのか**と質問した。これに対する回答は次のようなものだった。候補者（わたし）は考え方を伝えるための形式が真実を伝えるには不適切なものを誤って信じ込んだ。つまり学界では、印刷された言葉は話された言葉よりも高い評価と信頼を与えられている。

人が話す言葉は人が書く言葉より気軽に表現される。書かれた言葉は書き手によって推敲され修正され、専門家や編集者によって吟味されてきたと考えられる。書かれた言葉が証明され反対されるのは容易であり、書かれた言葉には非人格としての客観性が備わり、論文では自分のことを「研究者」と言い、本名は使わない。すなわち、書かれた言葉はその性質から個人にではなく社会に宛てられている。

書かれた言葉はあとに残り、話された言葉は消え去っていく。このため書かれた言葉が話された言葉よりも真実に近いとされる。さらに、候補者が望んでいることだろうが、この諮問会が合格をそっけなく口頭で伝えてくるより文書で伝えてくるほうがよいので、その意向に沿って文書が残される。こうして試験官が書いた文書は「真実」となる。試験官の口約束は単なる伝聞にすぎない。

わたしは賢明にも、それ以上何も言わず、諮問会が望む変更に応じ、自分は「口述試験」に通ることを心から願っており、真実を証明する書類が必要だと言った。わたしは試験に合格し、適切な言葉が書かれた書類を手に入れたのだった。

情報媒体が認識機能に与える影響を示す第三の例は、偉大なソクラテスの法廷での弁明から引用できる。彼が五〇〇人の陪審候補者に向かって弁明を始めたとき、巧みな言葉を準備できなかったことを謝罪した。彼はアテネの同朋に向かって、自分は口ごもるかもしれないが、自分の弁明を中断させないように、自分を他の都市から来た異邦人であると見なしてほしいと頼み、飾り立てた言葉や巧みな弁論術を使うことなく、彼らに真実を語ると約束した。

こういう方法で話を始めるのはソクラテスの習慣であったが、彼が生きた時代の習慣ではなかった。というのも、彼が十分に知り抜いていたことだが、アテネの同朋は巧みな弁論術と真実を語ることは同じものであると考えていたからだ。わたしたちのような現代人がソクラテスの嘆願に魅力を感じるのは、巧みな弁論術というものが話し言葉を飾り立てるものであり、いかにももったいぶった見かけ倒しであり、不必要なものと考えるからだ。

だが、弁論術を発明した紀元前五世紀のギリシャ人思想家やその後継者にとって、弁論術を使うことは劇的な動作を見せる好機であり、証拠と実証を系統立てるためにどうしても必要な手段、すなわち真実を伝える手段であった。

これはアテネ人を教育するための哲学よりも重要な要素であり、優れた技術形式であった。弁論術はギリシャ人にとって書かれた言葉を話すための形式であった。弁論術とは口述を実演することを意味したが、真実を明るみに出すエネルギーは秩序正しい論議を展開してみせる書かれた言葉のエネルギーにあった。ソクラテスの嘆願から推測できるが、プラトン自身はこの真実の概念について論じており、ソクラテスの同時代人は弁論術が「正しい意見」を発見し表現できる適切な手段であると考えていた。

正しく強調せず、適度な情感もなく、弁論術の規則を無視し、無秩序な方法で意見を述べるのは、観衆の知性をおとしめるものであり、偽りとなると考えられた。ソクラテスに対して有罪の無記名投票を行なった二八〇人のうち多数の陪審が、このような一貫性を理解したとき、ソクラテスの態度は真実の在り方と矛盾すると思えたので、判決に至ったと考えられる。

わたしが言いたいことと、これまでの例が導いてくれるのは、真実の概念が表現形式の偏りと密接な関係にあるということである。真実は飾り立てられているものであり、装飾されていない真実などなかった。真実は適度な意匠をまとって現れるとか、あるいは「真実」は文化の偏りだというような言い方は知られていない。

ある文化では、真実は特定の象徴形式によって確実に表現されていると考えられているが、他の文化はその真実を取るに足らない不適切なものと見なすこともある。実際に、アリストテレスの時代にいたギリシャ人や、その後の二〇〇〇年を生きたギリシャ人は、一組の自明の理から事物の本質を導き出し表現した科学上の真実こそ、最良であると見なしたのである。この自明の理というものは、アリストテレスが女性は男性より歯が少ないとか、北風が吹く時期に身ごもった赤ん坊はより健康だと信じていたというようなことである。彼は二度結婚しているが、現在知られている限り、二人の妻に歯を数えさせてほしいと頼んだことはなかった。

また助産に関わるアリストテレスの意見を考えてみると、彼が問診をしたり、カーテンの陰に隠れたりしなかったと考えてよさそうである。そのような行為が低俗で無益なものに見えたのは、それがアリストテレスにとって事物の本質を知る方法ではなかったからだ。推論による論理の紡ぎ出す言語こそ、アリストテレスにとって安全な道だった。

彼の持っていた偏見を嘲笑してはならない。現代人も、たとえば、真実と数量化を同一視することというような偏見を抱いている。驚くべきことだが、こういう偏見は、数がすべての生命を支配すると信じていたピュタゴラス*3とその学派の神秘主義（絶対的なものや神と自分が体験として一体化することに至高の価値を認める宗教上の考え方）に近い。

現代の心理学者、社会学者、経済学者、現代のカバラ主義者（ユダヤ教に基づく創造論・終末論・救世主論を含む神秘主義思想を信じる人）は、数字が真実を語るという意見と、数字には何の意味もないという意見のどちらかをとる。例を挙げると、生活水準について語るのに、詩を暗誦する経済学者はいるだろうか？　あるいは深夜に東セントルイス（二〇世紀後半の不況で荒廃した米国中西部イリノイ州の町）を散歩している間に起こったことを語る経済学者はいるだろうか？　あるいは金持ちとラクダと針の穴から始まる格言や寓話を並べ立てる経済学者は？

最初の学者は見当違いであり、二番目は裏付けに乏しく、最後は子どもじみていると言われる。だが、これらの言語形式は経済関係やその他の人間関係について十分に真実を語ることができ、実際に実生活で使われてきた。しかし、こうしたものとは異なる情報媒体＝ある喩え《メタファー》に共鳴している現代人は、経済における真実は数字で表現されると信じている。おそらくそうなのだろう。この点についてはこれ以上述べない。真実を語る形式には気まぐれなところがあるが、気まぐれの度合いを計測する方法があるとだけ指摘しておきたい。

ガリレオが自然に関わる言語は数字として表現されると、単純に述べたことをよく覚えておいてほしい。彼は**すべての言語**が数字によって表現されると言ったのではない。また自然に関わる真実が数字として表現される必要はない。人類史を見ると、自然に関わる言語は神話や儀式に関わる言語であったからだ。補足するなら、これらの言語形式は自然を破壊から遠ざけ、人類は自然の一部であるとの思いを強めるという長所がある。このような言語形式は、自然について真実を語る方法を見つけたために自惚れてしまい、自分の惑星を破壊しかねないような人間には向いていないのである。

こう述べたからといって、認識機能は相対的だという例を挙げているのではない。真実を語る幾つかの方法は他の方法より優れており、優れた方法を選んだ文化に良い影響を与える。わたしは次のことを読者によく自覚してもらいたい。印刷物をもとにした認識機能が衰退し、これに伴ってテレビをもとにした認識機能が優勢になり、社会生活が危機をはらんだ状況をもたらしたこと。わたしたちが分刻みで幼稚化していくこと。念を押して強調しておきたいのは、情報媒体によるコミュニケーションの影響が作用して、真実を語る形式のうちどの形式に重みをおくかを決めるということである。「論より証拠」は認識原理のうちで最も優れた地位におかれる。

だが、「口にすることは信じること」、「読むことは信じること」、「数えることは信じること」、「推論することは信じること」、そして「感じることは信じること」、これらの原理は文化における情報媒体が移り変わっていく過程で、重要性が高まったり低くなったりする原理である。文化が言葉を話す口述から、書字、印刷、テレビへと移っていくにつれ、真実の観念も移り変わる。

ニーチェが言ったように、すべての哲学は人生の諸段階についての哲学だ。この言葉を補足すると、すべての認識機能は情報媒体の発展段階についての認識機能となる。時間そのものと同じように、真実は人間が発明したコミュニケーションの技術について、あるいはコミュニケーションの技術を通じて、人間が自分と交わす対話によって創出したものなのだ。

知性とは事物の真相を把握する能力、とまず定義されるのであれば、文化は知性にとって何を意味するのかという問題の答えは、コミュニケーションの重要な形式に見られる特徴だということになる。純粋な話し言葉文化の時代では、知性は格言を使う能力、つまり広く解釈できる簡潔な言い伝えを考え出す能力に関わっていた。

賢明なソロモン王のことは『旧約聖書』の中の古代ユダヤの歴史書の一つ『列王記』で読む

ことができるが、王は三〇〇にものぼる格言を知っていた。印刷文化では、そのような才能がある人は良くても風変わりだと思われ、悪くすると尊大で退屈な人と思われる。純粋な口述文化では、記憶能力に高い価値が認められており、書かれた文字が存在しなかったため、人間の精神は動く図書館と見なされる。

あるものをどう言い表すか、あることをどう実行するかを忘れるのは、口述社会に危機をもたらし、愚かさの極みとされる。印刷文化では、詩、メニュー、法律、その他を記憶しているのは単に面白いことと見なされる。が、そうした記憶力はほとんど役立たず、高度な知性のあかしとは考えられない。

印刷物によって得られる知性の特徴については、本書を読むような読者であればご存知のはずだが、**本書を読むためにはどうしなければならないか**について考えていただければ、程よく述べてある定義が見つかるはずだ。まず、かなり長い時間、動かずにじっとしていること。本書やその他の本を読むにはじっとしていなければならない。そうしないと、わたしたちの文化では多動症から訓練不足までの様々なラベルを貼られる。

印刷物はわたしたちの身体や精神にとってむしろ厳しい要求をつきつける。しかしじっと精神を集中して読みなさいというのはごくわずかな要求にすぎない。ページの上に印刷してある文字の形にはそれほど注意しなくてもよい。文字の形を見すかして、要するに、形成された語句の意味へ直接たどり着かなくてはならない。

もし文字の形に気をとられていたら、ほとんど能力のない読者と見なされ、無能だと思われる。形を意識せずに意味を捉えることを身につけると、次は感情に捕われない客観性を備えた姿勢を要求される。そうなれば、バートランド・ラッセル（一八七二〜一九七〇　英国の論理学・哲学・数学者）が「雄弁に対する免疫」と呼んだ課題にたどり着ける。つまり感覚を通じた喜びや魅力、あるいはご機嫌取りと思われるような語り口と、議論されている論理とを識別できるようになる。

同時に著者が主題に対してどういう姿勢をとっているか、読者に対してどういう姿勢をとっているかを、語調から読み取れなくてはならない。言い換えると、冗談と議論との違いを知らなくてはならないのである。そして議論の特徴から判断して、同時に幾つかのことを行なわねばならない。

つまり、すべての議論が終わるまで判断を控えることである。読んでいる本がどのあたりで、いつごろ、読者の疑問に答えるかを判断し、それまで質問を控えておくこと。提案されていることに反論するため、読んでいる本に対して自分の十分な経験を集中させておくこと。実際に、議論が行なわれないような自分の知識や経験は、表面に出ないようにしなければならない。

こうしたすべてのことができるようにしておき、言葉は魔法であるといった読者独自の考え方を排除し、とりわけ抽象の世界に対処できるようでなければならない。何故なら、本書には具体的な姿や形を思い浮かべられるような語句や文章はごくわずかしかないからだ。印刷文化では、知的能力を備えていない人に対して理解を促すときに、「絵に描いてあげれば」と言いそうである。どうやら知性は絵のないところ、すなわち概念や一般論が使われる領域で安心できるようだ。

印刷された言葉が真実という観念を示す文化では、これまで述べてきたことやこれから述べていくことが、知性の基本定義となる。わたしは続く二つの章で、一八世紀と一九世紀のアメリカが歴史上で最も印刷物に偏向した国であったことを示す。それに続く章では、二〇世紀において、新しい情報媒体が古い情報媒体と入れ替わったため、真実という観念と知性という概念が変わったことを示そう。

しかし、わたしは物事を必要以上に単純化して述べたくない。とくに注意深い読者ならすでに考えをまとめておられるはずなので、わたしの意見に対する反論に備えて、三つの点を述べて結論としたい。

第一に、わたしは情報媒体の変化が人間の精神構造を変化させる、あるいは認識機能を変化させると主張するつもりはない。そのように主張した人や、ほぼ同じように主張した人はいた。例えばジェローム・ブルーナー、ジャック・グッディ、ウォルター・オング、マーシャル・マクルーハン、ジュリアン・ジェインズ、エリック・ヘブロック[*4]がそうだ。

彼らは正しいと思うが、わたしはそういう議論を求めているのではない。従って、次のような可能性を論じて自分を苦しめるつもりはない。例えばスイスの心理学者ジャン・ピアジェが述べたような意味で、口述に頼る人間は書かれた文字に頼る人間より知性の面で劣っているとか、「テレビ文化」の人間はこれら両者より知性が劣っているというようなことだ。

わたしは大規模な新しい情報媒体が情報伝達《ディスコース》の構造を変えるということだけを論じたい。大規模な新しい情報媒体というものは、ある知性の利用方法を薦めることにより、知性と知恵についてのある定義をえこひいきすることで、そしてある種の内容を要求することで、言い換えると真実を語る新しい形式を創出することで、情報伝達《ディスコース》の構造を変えてしまう。ここでもう一度言っておきたいのだが、この点についてはどの認識機能も正しいという立場をとらず、テレビによって創り出された認識機能は印刷物に基づいた認識機能よりも劣るものであり、危機をもたらす愚かしいものだと言いたい。

第二に、わたしがこれまで暗示し、これから詳しく述べようとしている認識機能の移行は、すべての人間やすべての物事に当てはまったわけではなく、これからも当てはまるわけではない。例えば、象形文字による書き物や彩色写本[*5]といった古い情報媒体や、そうした情報媒体がえこひいきした制度や経験に基づく習慣が実際に消滅しても、他の会話の形はつねに生き残る。例えば話し言葉や書かれた文字だ。このようにしてテレビのような新たな形式を備えた認識機能が強い影響を及ぼすわけではない。

こうした状況は次のように考えるとよい。象徴の環境における変化は、自然の環境における変化と同じだ。最初は変化が徐々に生じていくが、物理学者が言うように、突然臨界量に達してしまう。ゆっくりと汚染されていった河川が、突然毒性を帯びる。魚類は生きていけなくなり、河川での水泳は健康を害するようになる。それでも河川は変わっていないように見え、水面にはボートを浮かべられる。

言い換えれば、生命が途絶えてしまった後でも、河川が消えたわけではなく、その利用方法が変わったわけでもないのだが、河川の価値がかなり低下し、汚染がそのあたりの環境全体に有害な影響を及ぼしていく。同じことが象徴の環境でも起こる。電気を使う情報媒体が象徴の世界を徹底して回復できないほど変えてしまい、突然臨界量に達してしまう。

現代文化はテレビによって情報、観念、認識機能の形式が与えられるのであり、印刷された言葉によってではない。確かに本を読む読者がおり、出版物も多数あるが、印刷物や読書の活用法は以前と変わってしまった。このことは印刷物が無敵だと考えられた、印刷物にとって最後の牙城となった学校でも同じである。テレビと印刷物が共存すると信じている人は自分を欺いているにすぎない。共存できるのは等しい価値があるものだが、現代には等しい価値があるものなど存在しない。

印刷物はかろうじて生き延びている認識機能にすぎず、ある程度テレビ画面に似せて作られていて、コンピュータや新聞や雑誌に支えられながら生き残るだろう。毒性のある河川に住み続ける魚類やボートのこぎ手のように、生き残った過去にしがみつき、河川の水が澄んでいると思いこんでいる人たちが、まだわたしたちの社会に生きているのである。

第三に、さきほどふれた類似についてだが、河川は言葉による公共向けの思想の伝達と呼ぶものにおおむね似ていると言った。会話のなかでも、政治形式、宗教形式、情報形式、商業形式におおむね似ていると言った。わたしが言いたいのは、テレビに基づく認識機能が公共のためのコミュニケーションや、その周辺の環境を汚染しているということであり、すべてのものを汚染しているということではない。わたしは何よりもまず、高齢者や、障がい者や、自動車で旅をする人にとって、テレビの価値は慰めであり楽しみの情報源であることを定期的に思い起こすようにしている。

また、テレビが多数の人のための劇場になる可能性にも気づいている。わたし個人の意見だが、このことはいまだに真剣に受け入れられていないテーマだと思う。テレビが理性に基づく情報の伝達を過小評価しているという意見もあるが、テレビが人間の感情を動かすパワーは強大なので、ヴェトナム戦争に反対する感情や、人種差別という悪意のある慣習に対する感情を呼び覚ますことができる。こうした可能性や、他の有益な可能性は軽視されるべきではない。

しかし、テレビに対して全面攻撃を行なっていると思われたくない理由がまだ他にもある。コミュニケーションの歴史を少しでも知っている人なら、考えるために作られた新たな技術はつねに犠牲を求めることをご存知だろう。新たな技術は何かを与えると同時に何かを奪うもので、決して公平なわけではない。

情報媒体の移り変わりは決してバランスのとれた状態で終わらない。ときにはそれが創り出すものが、それが破壊するものを上回る場合があり、その逆の場合もある。情報媒体の移り変わりを軽々しく賞賛したり非難したりしてはいけないのは、未来はつねにわたしたちにとって未知であるからだ。印刷機の発明自体がこのことを示す好例となる。活版印刷は近代になって個人という概念を育てたが、中世における地域社会や人種統合といった意義を壊してしまった。

活版印刷は散文を生んだが、詩を異国趣味またはエリート専用の表現形式にしてしまった。活版印刷は現代科学を誕生させたが、宗教心を単なる迷信に変えてしまった。活版印刷は民族国家を誕生させたが、死を覚悟しないような愛国心は惨めだと決めつけた。

わたしの意見は、四〇〇年にわたる活版印刷による帝国主義支配が、害悪よりもはるかに恩恵を与えてきたということだ。印刷された言葉は現代人が知性をどう活用するかという考え方を育て、さらに教育、知識、真実、情報といった概念を同じように育ててきた。わたしは次のことを実証したいと考えている。活版印刷が文化の周辺に移り、テレビが中心に座ったため、真剣さや、明快さや、とりわけ公共向けの思想の伝達《パブリック・ディスコース》の価値が危機に瀕しているのである。それとも別の方向から恩恵がもたらされるかどうか、偏見のない心で見つめていきたい。

〈訳注〉

1　**認識機能**　原語はEpistemology　ギリシャ語で「知識」を意味する。フランスの哲学者ミシェル・フーコーは様々な時代の学問を成立させた知の構造があるとして、これを「エピステーメー」とよんだ。本書では、意思を伝えるための情報媒体であるテレビが独自の認識機能を備えると述べられているので「認識機能」とした。

2　**エドム人**　エドム人は『旧約聖書』に出てくる人物エサウの子孫。エサウには双子の弟ヤコブがいたが、一杯の粥が欲しいために長子の特権をヤコブに譲ってしまう。その後ヤコブはイスラエル一二支族の祖先となる。エサウの血を受けたエドム人は死海の南方に住んでいたとされる。

3　**ピュタゴラス**　（紀元前五八二～四九六）古代ギリシャの植民地であったイタリアに生まれた数学者、哲学者。物事の根源「アルケー」は数であると考え、ピュタゴラス学派を形成し、本人以外の弟子たちが数学の定理を発見した。その学派の神秘主義では、例えば、男は「2」、女は「3」、結婚は「2×3＝6」と解釈される。ピュタゴラス式数秘術は占術の一種で、生年月日や生命を数字に置き換え、定式に従って算出された数字から意味を解釈する。ピュタゴラスの死には、断食説と殺害説の二通りの説がある。

4　**ジェローム・ブルーナー、ジャック・グッディ……**　ニューヨーク出身の心理学者ブルーナー（一九一五～　）は、こう述べている。「認知機能の成長は、人間の運動機能や感覚機能や反射機能へ、文化的に伝えられた増幅力に関連している」。以下、J・グッディ（一九一九～　）は英国の社会人類学者。W・オング（一九一二～　）は『声の文化と文字の文化』で知られる米国イエズス会司祭で英文学者。M・マクルーハン（一九一一～八〇）はカナダ出身の英文学者。文明批評家。J・ジェインズ（一九二〇～六七）は『神々の沈黙―意識の誕生と文明の衰亡』で有名な米国の心理学者。E・ハヴロック（一九〇三～八八）は英国の古典研究者。

5　**彩色写本**　初期の彩色写本技術は、アイルランド、コンスタンチノープル、イタリアで使われた。紀元四〇〇～六〇〇年ごろまでに使用された写本の装飾技術。金色や銀色を使って、イニシャルや文字の縁を装飾したり、小さな挿絵を本文に添えたりした。

第三章　活版印刷の国アメリカ

『フランクリン自叙伝』にはマイケル・ウェルフェアのものと思われるすばらしい引用がある。ウェルフェアはダンカーズ（一七世紀ドイツのルター派プロテスタントの一分派）と呼ばれる宗派の創設者の一人であり、フランクリンとは長年の知り合いだった。その記述はフランクリンに伝えたウェルフェアの苦情をもとにしたもので、他の宗派を信じる狂信者たちがダンカーズについて嘘を広めているとした。

ウェルフェアはダンカーズにとって実際には何の関わりもない忌まわしい原理について非難したのである。これに対してフランクリンは、ダンカーズの信条や戒律を文書にすれば、そういう誤解はなくなっていくと指摘した。ウェルフェアの答えは、そうした行動方針について信心家の仲間と話し合ってみたが、拒否されたという返事であった。ウェルフェアは次のような言葉でダンカーズの理論について説明している。

「われわれが協会の一員になったとき、神がわれわれの精神を目覚めさせ、幾つかの教義を与えられた。かつて真実のように見えたことが誤りであり、かつて誤りのように見えたことが紛れもない真実であることがわかった。時は移り、神はさらなる光明を与えることを良しとされ、われわれの原理は改善され、われわれの誤りは減少した。

今日、われわれの進歩が終点に至ったか、神聖なる知識あるいは理論上の知識の完成に至ったかは定かではない。われわれは次のことを恐れる。われわれが原理に縛られ閉じ込められているとと感じるようになると、それ以上の改善を受け入れたくないと考えるようになること。さらにわれわれの後継者たちが、長老であり創設者であるわれわれの行ないを聖なるものと見なし、原理から外れていないと見なしてしまうことを」。

フランクリンはこうした感情を一宗派における人類史上まれな謙虚さの例だと述べている。謙虚という言葉使いは正しいが、この記述は別の意味で驚くべきものであった。これはプラトンが示したことと同じように、書かれた言葉がもたらした認識機能を批判しているからだ。モーゼ自身は決して賛成はしないだろうが、関心は抱くだろう。ダンカーズは宗教に関する説教《ディスコース》や説法について一つの戒めを定めている。汝、原理を書くことなく、多くを印刷することなかれ、汝、原理によって永遠に囚われることなかれ。

いずれにせよ、ダンカーズの熟慮のあとが記録に残されていないのは大きな損失と考えたい。記録が残っていれば、おそらく本書が前提としていることを明らかにしてくれるだろう。つまり考え方を表現する形式は、考え方がどのようなものになるかを決定する。もっと重要なことは、ダンカーズは植民地時代のアメリカで印刷された言葉を信じなかったのだが、おそらくこうした熟慮はまれな例だったことである。

フランクリンと同世代のアメリカ人は、それ以前にいた人よりもはるかに印刷された言葉に依存していた。ニューイングランドに定住するようになった移民については、様々なことが言われているが、彼らやその子孫が文字を読める人であり、宗教への感受性、政治上のアイディア、そして社会生活などは活版印刷という情報媒体に根ざしていたというのは最も重要な事実である。

一六二〇年、巡礼始祖と呼ばれるピルグリム・ファーザーズはメイフラワー号に乗って英国からアメリカ大陸へ渡った。メイフラワー号の積荷に何種類かの本が積まれていたことは知られている。その中で最も重要な本は、『旧約聖書』と、ジョン・スミス船長の『ニューイングランド解説』であった。海図に載っていない国に向かう移民にとって、後者は前者と同じように詳しく読まれたと思われる。

また植民地時代の初めには、聖職者は一〇ポンドを与えられ宗教に関わる図書を収集した。識字率を知るのが困難であったのはよく知られているが、一六四〇年から一七〇〇年までについては十分な根拠があり、おもに署名によって推定されている。マサチューセッツとコネチカットにいた男性の識字率は、八九％から九五％とされた。植民地化された時代にあって、これらの地域には世界のどこよりも字を知っている男性が集まっていた。これらの植民地における女性の識字率は、一六八一年から一六九七年までで、最高が六二％と推定された。

家庭において最も読まれたのは『旧約聖書』。理由は入植者がプロテスタントであり、印刷されたものは「神の恩恵による崇高で最大の御業であり、そこから福音の務めが推進される」と信じたマルティン・ルターの教義を受け継いでいたからである。もちろん福音の務めは『旧約聖書』以外の本、例えば一六四〇年に印刷されアメリカで初めてのベストセラーとなった英訳の詩篇『ベイ・サーム・ブック』にも見られる。入植者が読んでいた本は宗教書に限られていたわけではない。

遺言を検認した記録によると、一六五四年から一六九九年までに、ミドルセックス郡における遺産のうち六〇％が本であり、そのうちの八％はすべて『旧約聖書』以外の本だった。一六八二年から一六八五年にかけて、ボストンの有名な書店は三四二一冊の本を、一人のイギリス人卸売業者から輸入しており、それらのほとんどが宗教書ではなかった。本は北部植民地に住むおよそ七万五〇〇〇人が読むために購入されたことを考え合わせると、この事実の意味がよくわかってくる。これを現代の販売部数になおすと一千万部といったところである。

カルヴィン主義ピューリタン*1の信仰が文字の読み書きを広めたという事実とは別に、入植者が印刷された言葉に関心を抱いたことを説明する理由が三つある。第一に、一七世紀の英国における男性の識字率が四〇%を越えなかったことから、ニューイングランドへの移民は英国の識字率の高い場所、あるいは読み書きのできる地区からの入植者であるか、その両方からの入植者だと思われる。言い換えれば、入植者は本を読む人間としてアメリカにやってきたか、本を読むことが旧世界と同じように新世界においても重要だと考えられたのである。

第二に、一六五〇年以降、すべてのニューイングランドの町が「読み書きを教える」学校、つまり公立中等学校をも管理できるぐらいの大きな地域共同体《コミュニティ》を作る法律を認めている。そのような法律はすべて悪魔について記述しており、悪魔による計画が教育によってことごとく阻止されると考えられた。しかし、これとは別に教育が必要な理由については一七世紀の素朴な詩にうたわれている。

すべての知識は
公立学校から広まる、
それは人が何かを知りたいという
聖なる権利だから

つまり、それまでの人々の精神は悪魔に支配されていた。一六世紀の初めから認識機能が変わり、すべての知識は印刷されたページの上に移行し印刷物を通じて表現された。ルイス・マンフォードはこの移行について述べている。「他の道具ではなく印刷された書物が、過去や未来のない現在だけの世界と偏狭な地域主義から人々を解放した、……印刷物は実際の出来事よりも強い印象を与えたからだ。……存在するものは印刷物の中に存在することとなり、その他の世界は徐々に影が薄くなっていった。自然から学ぶことが書物から学習することになった」。

こう考えると、入植者にとって若者が学校へ通うことは倫理上の義務ではなく、知性を磨くための義務であったと考えられる。入植者の故郷イングランドは学校の島と言える。一六六〇年、英国には四四四もの学校があり、それぞれ二〇キロほど離れていた。読み書きができる人が増えたのは、明らかに通学者が増えたからである。通学が義務とされていないニューイングランド州ロードアイランドなどや、教育法が強制力を持っていないニューハンプシャー州などでの識字率は他の地域より上昇するのが遅かった。

第三に、入植した英国人は自分の本を印刷する必要も、執筆者を雇う必要もなかった。洗練された読み書きの伝統はすべて母国から輸入したものだった。一七三六年、書籍商は「スペクテーター」紙、「タトラー」誌、「ガーディアン」紙（いずれも一八世紀にロンドンで発行された定期刊行物）に販売広告を掲載している。一七三八年、ロックの著書『人間悟性論』、ポープの著書『ホメーロス』、スウィフトの著書『桶物語』、ドライデンの著書『古代・近代寓話』の広告が掲載された。エール大学の学長ティモシー・ドワイトは当時のアメリカの状況を簡潔に述べている。

「いろいろな書物、様々な主題の書物がわれわれの手にある。この点に関して、わが国の状況は他に類を見ない。大英帝国にいる人々と同じ言語を話し、かの国と常に平和を維持してきたため、われわれは定期的に多量の数の書物を輸入してきた。芸術と科学の全分野、文学への道は、われわれが必要とする大きな支給品となっている」。

この状況が示す重要な意味は、植民地アメリカで読み書きに秀でた貴族が現れなかったことだ。読書はとくにエリートの活動とは思われず、印刷物は様々な階級の人々に等しく読まれるようになった。繁栄する無階級の読者層が育っていった理由は、アメリカの歴史家ダニエル・ブーアスティンがこう書いている。「読者層は広くさまざまな方向に拡散していった。中心地がなかったためすべてが中心となりえた。すべての人が印刷物の語ることに親しんだ。すべての人が同じ言語を話せた。働き者が多く、変化の多い、公共のための社会による産物である」。

一七七二年、ペンシルバニア州フィラデルフィア監督教会の教区司祭ジェイコブ・ダッチは書いている。「デラウェアの海岸に上陸した極貧の労働者は、紳士や学者のような自由な意思をもって、宗教や政治といった内容に自分の心情を寄せる権利があると考えた。……すべての書物に幅広い好みを反映させることができ、すべての人が読者となった」。

書物に対するこうした熱意が一般の人々に広まったため、一七七六年一月一〇日に出版されたトーマス・ペイン（一七三七～一八〇九　英国出身で北米で活躍した思想家・作家）の『コモン・センス、英国人によって書かれる』が同年三月に一〇万部以上売れたのは驚くべきことではない。この本の読者数と当時の人口との比率を一九八五年の対人口比に置き換えると、一冊の本が二ヶ月間で八〇〇万部売れたことになる。一七七六年三月を過ぎた時点で、後の時代になって、ユダヤ系アメリカの作家ハワード・ファースト（一九一四〜二〇〇三）は当時を振り返って、さらに驚くべき数字を示している。「誰も実際に印刷されている部数を知らなかった。最も控えめな情報でも三〇万部を超えるとしている。他の情報では五〇万部というのがある。人口三〇〇万人に対して四〇万部売れたとすると、この本が今の時代に出版されたと仮定すれば、二四〇〇万部が売れたことになる」。これだけの注目を集めることができるのは、現代のアメリカではスーパーボウル以外に見当たらない。

ここでちょっと休憩して、トーマス・ペインについて述べてみたい。ペインの存在は同時代に見られた高度で幅広い読み書き能力の基準になるという重要な意味があるからだ。とくにペインは貧困な階級に生まれたが、シェイクスピアと同じように実際に自分で書物を書いた著者であった。ペインの人生についてはシェイクスピアよりも知られていることが多いが、若い頃についてはあまり知られていず、正規に受けた教育はシェイクスピアよりも少なく、アメリカに到着するまでは最下層の労働階級にあった。

ペインは不遇にもめげず、ヴォルテールや、ルソーや、エドマンド・バークを含む英国の哲学者と同じように、文章量については及ばなかったが文章の明快さと快活さを身につけ、政治哲学や論争術について書いた。英国の貧しい階級出身のコルセット製造者が、どのようにして素晴らしい散文を書けたのかということについて誰も疑問を抱かなかった。ペインの敵対者はことあるごとにペインが無教育だと指摘し、ペイン自身も不十分な教育しか受けていない自分が劣っていると感じていたが、普通の人間がこれほどまで文字を使う表現力を身につけたことを疑う余地はない。

最も多くの人に読まれたペインの著書が『コモン・センス、英国人によって書かれる』という題名であったことは大切である。ここに記されている最後の語句が重要になる。すでに述べたように、植民地時代のアメリカ人は本を書かなかったが、ベンジャミン・フランクリンはアメリカ人が他のことで忙しかったためだと説明している。

おそらくそうだったのだろう。だが自分で本を書く暇はなかったにしろ、印刷を機械に任せられないほど忙しかったわけではない。アメリカにおける最初の印刷機は一六三八年にハーバード大学に備品として設置されたが、そのとき大学は創立二年目であった。[*2]

その後印刷機は英国国王に反対されることなく、ボストンやフィラデルフィアに設置されている。英国の都市の中でリバプールとバーミンガムに設置が認められていなかったことを考えると、アメリカで認められたことは奇妙なことである。印刷機が初めて使われたのは低価格の紙に会報を印刷するためだった。

アメリカ文学が立ち遅れたのは、人間の労働条件や英国文学の入手状況によるのではなく、高級紙が少なかったためである。独立戦争末期、ジョージ・ワシントンは将軍に宛てた文章を、汚れた紙くずに書かねばならず、急ぎの公文書は封筒にも入れられなかった。紙はそのようなことに使えないほど貴重だったのである。

一七世紀末にアメリカ文学が誕生し始めると、出版というアメリカ文化には活版印刷の偏重が大いに関わっていることが明らかになった。もちろん新聞のことを言っているのであり、一六九〇年九月二五日ボストンで、アメリカ人が初めて新聞印刷に手を染めたのである。ベンジャミン・ハリスは三ページの新聞「国外と国内における社会事件」を刊行した。ハリスはアメリカにやってくる前、カトリック教徒がプロテスタント教徒を殺害し、ロンドンに火を放ったという架空の陰謀を「暴露する」という役を務めたことがあった。

ハリスが発行していたロンドンの新聞「ドメスティック・インテリジェンス」は「カトリック陰謀事件」[*3]を暴いたため、カトリック教徒は厳しく迫害されることになった。ハリスは虚偽というものについてよく知っており、「社会の出来事」を予想し、新聞が虚偽の精神をたたく必要があると主張したが、この虚偽の精神は当時のボストンに広まっていた。わたしは虚偽の精神が現在のボストンにも広まっていると聞いたことがある。

ハリスは次のように自分の予想を結んでいる。

「極悪すぎる罪を犯して罰を受けたいと思った者は別にして、この提案を嫌がる者はいないと思われるが」。ハリスは誰が自分の提案を嫌がるのかよく知っていた。「社会の出来事」第二号は発行されなかった。知事と議会が発行を妨害し、ハリスが「きわめて高慢な意見」を刊行したと非難した。その発言によって、政府側が遂行しようと思っているどんな悪辣なことについても妨害させないと言っている。こうして一世紀前に旧世界で起こった報道の自由についての戦いが新世界でも始まった。

けれども、ハリスのむなしい努力は他の新聞の刊行を促した。例えば一七〇四年に刊行された「ボストン・ニューズレター」紙は、初めて定期刊行されたアメリカの新聞と見なされている。その後一七一九年に「ボストン・ガゼット」紙、一七二一年には「ニューイングランド・クーラント」紙が続くが、後者の編集者ジェームズ・フランクリンはベンジャミンの長兄だった。一七三〇年までには四つの植民地で七紙の新聞が定期刊行され、一八〇〇年までには一八〇紙以上が刊行された。一七七〇年には「ニューヨーク・ガゼット」紙や他紙が次のように書いて満足の意を表わした。（一部のみ引用）

「大学は別にしても、
新聞が知識の源泉であるのは真実であり、
全国を通じた発信源が
現代人の話題となっている」。

一八世紀末になり、サミュエル・ミラー師は次のことを得意げに話している。合州国は英国で発行されている新聞の三分の二以上を発行しているが、人口は英国の半数しかないと。

一七八六年、ベンジャミン・フランクリンはアメリカ人が新聞とパンフレットを読むのに忙しく本を読む時間がないと述べている。一冊の本だけは例外で、ノア・ウエブスターの著書『アメリカン・スペリング・ブック』は一七八三年から一八四三年までに二四〇〇万部以上を売っている。フランクリンがパンフレットについて述べている意見は無視されるべきではない。全植民地における新聞の急増は、パンフレットや大判紙の片面に印刷されたブロードサイドの急速な普及と足並みをそろえている。アレクシス・ド・トクヴィルは一八三五年、著書『アメリカの民主主義』にこの事実を書いている。「アメリカでは、政党が他党の意見を批判するために本を書くことはないが、パンフレットが驚くべき速度で配布され売り切れになる」。さらに、トクヴィルは新聞とパンフレットについてこう書いている。

「火器の発明は戦場における主人と家来という主従関係を無くしてしまった。印刷技術はすべての階級に同じ情報を与えた。郵便制度は丸太小屋の入り口から宮殿の門扉まで等しく知識を配分した」。

トクヴィルがアメリカについて書いていた頃、印刷技術はすでにアメリカ全土に普及していた。南部では多くの学校が開校したが、公立よりも私立が多く、印刷機の利用も北部に遅れをとっていた。例えばヴァージニア州では、一七三六年まで定期刊行の新聞がなく、一七三六年に「ヴァージニア・ガゼット」紙が発行される。

しかし一八世紀末になると、印刷された言葉による思想の伝達は今までより急速になり、国民同士の会話といえるものが実現した。例を挙げると、アレキサンダー・ハミルトン、ジェームス・マディソン、ジョン・ジェイといったエッセイストがパブリウスという名前を使って八五篇のエッセイを書き、初めにニューヨークの新聞に発表し、次に「フェデラリスト・ペーパー」紙に掲載したが、一七八七年から一七八八年までに南部でも北部でも広く読まれた。

一九世紀に入ると、印刷文化はすべての地域に広まっていった。一八二五年から一八五〇年までには、登録制の図書館が三倍に増えた。〈機械工と技術者の図書館〉と呼ばれた図書館は、労働階級の読み書き能力を高めるために建てられた。一八二九年、ニューヨークにある技術者の図書館は一万冊を所蔵しており、一六〇〇人の技術者が利用した。一八五七年、この図書館は七五万人の利用者を迎えている。一八五一年、議会が郵便料金を値下げしたため、ペニー新聞、定期刊行物、日曜学校のパンフレット、安価な綴じ本がどこでも手に入るようになった。

一八三六年から一八九〇年にかけて、一九世紀に出版された教科書マガフィー・リーダー（米国で一九世紀に創刊された教科書）一億七〇〇〇万部が学校へ配送されている。そして当時は、小説を読むことが有意義な時間の使い方とは考えられていなかったが、アメリカ人はそれをむさぼり読んだ。一八一四年から一八三二年までに出版された英国の作家ウォルター・スコットの小説について、サミュエル・グッドリッチはこう書いている。スコットが書いた新しい小説は北米で大反響を呼び、ナポレオンの戦争ものよりも売れた。「……誰もがスコットの小説を読んだ。教養のある者、無知な者、誰もが読んだ」。

出版社は本をベストセラーにするため、就航している定期船にメッセンジャーを派遣し、「まる一日の工程で印刷され製本されたバルワー・リットンやディケンズの新刊小説が手に入る」と宣伝した。国際著作権法のない時代だったので、多くの「海賊版」が出回り、読者は満足し、名士扱いされた小説家も満足していた。一八四二年、チャールズ・ディケンズはアメリカを訪問したが、現代で言えばテレビタレントとなったアメリカン・フットボールのクォーターバックか、マイケル・ジャクソンなみの熱狂ぶりで歓待された。ディケンズは友人にこう書き送っている。

「私に対する歓迎の仕方を表現する言葉もない。このように群集に歓待され追い回され、豪華な舞踏会や晩餐会でもてなされ、群集に出迎えられた国王や皇帝は、この世にいないだろう。馬車で外出すると群集が馬車を取り囲み、宿舎まで送ってきてくれた。劇場に行けば全観客がいっせいに立ち上がり、建物がまたきしむ」。アメリカ生まれの女性作家、ハリエット・ビーチャー・ストウはこれとは正反対の歓待を受け、当然ながら南部では馬車を囲まれたが、それは彼女を家まで送っていくためではなかった。しかし、彼女の作品『アンクル・トムの小屋』は出版された年に三〇万五〇〇〇部売れたが、これは現代のアメリカ市場に換算すると四〇〇万部に相当する。

アメリカ人が印刷物に熱中しているのに驚かされたのはアレクシス・ド・トクヴィルだけではない。一九世紀にアメリカへやってきた二〇人の英国人は、植民地がどのようになったかを自分の目で見ることになる。読み書き能力の高さと、そうした能力がすべての階級に行き渡っていることに驚かされた。

さらに、英国人はアメリカでは講堂が建てられ講演が形式化され、アメリカ人が印刷文化の伝統を誇りに思っているのにも驚かされた。こうした講堂はライシーアム運動[*4]が起こったときに建てられたもので、成人を教育するのが目的であった。ジョシュア・ホルブルックというニューイングランドの農業家による支援もあり、ライシーアム運動は知識の伝播、普通学校の普及、図書館の開設、そしてとくに講堂の開設をその目的とした。

一八三五年までには一五州のなかに三〇〇〇のライシーアムが存在した。これらは北米の東海岸を走るアルゲーニー山脈の東側に建てられたが、一八四〇年になると開拓地の前線となっていたアイオワ州やミネソタ州の最西端にも建てられた。

アメリカ中を旅した英国人アルフレッド・バンは一八五三年にこう報告している。「事実すべての村が講堂を完備していた」。彼は続けて書いている。「実に不思議な光景だ……若い労働者や、疲労した熟練工や、疲れ果てた女工員が……一日の労働を終えた後……混雑して暑い講演室に……なだれこんでいくのを見るのは」。

バンの同郷人J・F・W・ジョンストンは、当時スミソニアン協会で行なわれた講演に参加し、「講堂が定員一二〇〇人から一五〇〇人の観客でごったがえしているのを見た」。こうした観客が目にした講演者は、有名な知識人、作家、ユーモア作家であり、彼らのなかにはヘンリー・ウォード・ビーチャー、ホーレス・グリーリー、ルイス・アガシズ、ラルフ・ウォルド・エマーソンがいた。エマーソンの講演料は五〇ドルだった。

アメリカの作家マーク・トウェインは自叙伝のなかで、ライシーアム巡演での講演経験について二章をあてている。トウェインは「講演者として一八六六年にカリフォルニアとネバダで仕事を始めた」と書いている。続けて「ニューヨークで一回、ミシシッピー・ヴァレーで数回、一八六八年には西部全体を巡演。次の二、三シーズンは東部巡演も予定した」と書いた。明らかに、エマーソンが安い講演料であったのは、トウェインが町で講演を行なったときは二五〇ドルほど、都市で講演した時は四〇〇ドルほどを要求していたからだ。この金額を現代に通用する料金におきかえると、引退したテレビのニュースキャスターに支払われる講演料にほぼ等しい。

重要な点はこのような動向が一九世紀まで続いたことであり、現在知られているどのようなアメリカ社会も、印刷された言葉あるいはそれらを基にした話し言葉が行き渡っていた。この状況はプロテスタントの伝統から一部分を受け継いだ。歴史学者リチャード・ホーフスタッター（一九一六〜七〇）は、アメリカが知識人によって建国された歴史上まれな近代国家であることを指摘した。ホーフスタッターはこう書いている。「建国の父たちは賢人、科学者、教養人であった。つまり、多くは古典の学習に秀でた人たちであり、歴史や政治や法律などを幅広く読み、彼らの時代に差し迫った問題を解決しようとしてきた」。

そのような人たちが作りあげてきた社会は簡単に反対の方向へ動くことはなかった。アメリカは知識人によって作られたと言ってもよく、建国から現代まで二世紀もの時間がかかり、その間に一度生じたコミュニケーション革命から立ち直らなければならなかった。ホーフスタッターは説得力をもって〈立ち直る〉ための努力について、すなわちアメリカ人の社会生活における反知性的な重圧について述べている。しかし、自分の見方が一般状況をゆがめてしまうことも認めている。それは破産の歴史だけでアメリカの経済史を描こうとするようなものである。演説《パブリック・ディスコース》など公共の情報伝達のための会場で、印刷された言葉の影響力が強大であったのは、印刷物の量によるものではなく、独占支配によるものだった。この点は、過去や現在にあった情報媒体の環境がどう異なっているかを認めたがらない人に対して、あまり強調すべきことではない。例をあげれば、当時の印刷物よりも現代の印刷物のほうが多いという意見がある。が、これは確かな事実だ。

だが一七世紀から一九世紀後半に至るまで、入手できる情報媒体は印刷物しかなかった。見るべき映画はなく、聴くべきラジオはなく、見るべき写真展もなく、耳を傾けるべきレコードもなかった。もちろんテレビもなかった。公共事業は印刷物だけを通じて表示されたため、印刷物は言葉による思想伝達《ディスコース》の模範となり、比喩《メタファー》となり、基準となった。

文章の文脈で分析を行なう印刷物の構造がもたらす反響、とくに説明を行なう散文がもたらす反響はどこにいても聞くことができた。例えば人の話し方にも反響を感じ取れた。トクヴィルは『アメリカの民主主義』に、どのようにアメリカ人が話すかを書いている。「アメリカ人は会話ができないが、議論はでき、その話し方は論述に終わる。彼らは集会で話すように、人に話しかける。話に熱中すると話しかけている相手に向かって『ジェントルマン』と呼びかける」。

この奇妙な習慣はアメリカ人の頑固さを反映しているというより、印刷された言葉の構造をモデルにして会話形式を決めていることからくるようだ。

印刷された言葉は感情を交えず、目に見えない聴衆を相手に話すものであり、トクヴィルがここで言っているのは印刷物の口述であり、口述による意思の伝達《ディスコース》の多様な形式に見られるものである。例えば説教壇で行なわれる説教は書かれたスピーチであり、「自然や自然法則を通じて人間に示された神格の属性を、情熱をこめた冷静な分析によって目録を作っていくものであり」、堂々として感情を交えない語調で語られる。大覚醒[*9]は分析ばかりで感情のない理神論

（一七〜一八世紀に英国で起きた思想。神は世界の創造者とするが、神が示した啓示や奇跡を否定する）に反発した信仰復活運動であったが、大覚醒のときでさえ感情が高まった説教者が口述すると、その口述はそのまま印刷された言葉になる。

こうした説教者のなかでも最もカリスマ性があったのはジョージ・ホワイトフィールド師であり、一七三九年には多数の聴衆を相手にアメリカ中を説教して回った。ホワイトフィールドはフィラデルフィアで一万人の聴衆に向かって説教し、もし聴衆がキリストを受け入れなければ、あなたたちは永久に地獄の火で焼かれると述べて強く感情をあおり、聴衆を恐怖におののかせた。ベンジャミン・フランクリンは彼の説教を見ており、ホワイトフィールドの本を出版したいと考えた。予定通り、ホワイトフィールドの日記と説教はフィラデルフィアのB・フランクリンによって出版される。

しかし、わたしは印刷物が単純に大衆向け《パブリック》の・説教・説法《ディスコース》に影響を与えると言っているのではない。さらに進めて形式が内容の性質を決定するという、もっと重要な考え方に結びつけなければ意味がない。この考え方がマクルーハン風すぎるという読者には、カール・マルクスの『ドイツ・イデオロギー』をお勧めする。マルクスは次のような巧みな問いかけをしている。

「印刷機や動力印刷機の時代に、古代ギリシャ叙事詩『イーリアス』は存在しただろうか？

印刷機があれば、詩を歌うことや物語を語ることや夢想することは当然消滅していく。すなわち、叙事詩を必要とする状況は無くなっていく」。

マルクスは次のことをよく理解していた。印刷機は単なる機械ではなく情報伝達《ディスコース》の構造であり、ある種の聴衆を排除したりある種の内容を伝達したりする。マルクス自身はこのことを十分に究明したわけではなく、他の人々がこの課題に取り組んだのであった。わたしも挑戦しなければならない。印刷機が比喩として、また認識機能としてどのように作用し、まじめで理にかなった社会における会話を創り出していったかを探求しなければならない。わたしたちはそのような時代からすでに遠ざかってしまっているのだから。

〈訳注〉

1　**カルヴィン主義ピューリタン**　フランス生まれのジョン・カルヴィンが書いた『キリスト教綱要』（一五三六年）は、プロテスタント運動に大きな影響を与えた。プロテスタントの一派であるピューリタンの人々は、教義や儀式の改革を要求した。一六二〇年頃、体制側から迫害を受けたため、一部の人々はピルグリム・ファーザーズとなってアメリカ大陸へ移住していった。

2 **その時大学は創立されて二年目であった**　一六三六年九月八日に招集されたマサチューセッツ湾植民地議会は、「学校ないしカレッジ」を新設するための資金を支出することを議決したので、ハーバード大学の開校を決定し印刷機はかなり早い時期に設置された。

3 **カトリック陰謀事件**　一六七八年、タイタス・オーツという人物によって捏造されたデマ事件。カトリック教徒がチャールズ2世を暗殺してカトリック教徒の復活を企てたとする架空の陰謀。このデマ事件によって三五人もの無実の人々が処刑された。

4 **ライシーアム運動**　アリストテレスが紀元前三三〇年代に学問を教えた学園「リュケイオン」にちなんで、一八世紀から成人の教育を目的とした講演のための講堂が北米北東部を中心に多数建てられたが、こうした時代の流れを指す。講演だけでなく、音楽会なども開かれ、当時の文化の中心となっていた。

5 **大覚醒**　原語は**The Great Awakening**　各時期において、分派や宗派が統一され、新宗派が起こり主流をなしていく過程といえる。アングロ・アメリカンの宗教史の中で、四回の「大覚醒」が起きたとされている。この場合は一七三〇年から一七六〇年までに起こったプロテスタントの信仰復活運動をさし、ニューイングランド地域に広がった。

第四章　活版印刷の精神

エイブラハム・リンカーンとスティーブン・A・ダグラス[*1]との間で交わされた七回にわたる有名な論争のうち、一回目の論争は一八五八年八月二一日イリノイ州オタワで行なわれた。ダグラスがまず一時間演説し、リンカーンが一時間三〇分これに答え、次にダグラスが三〇分間リンカーンの回答に反論するという手順。この論争は以前二人が行なったものに比べてかなり短かった。二人はそれまでに何回か激論し、対決は長びき疲れ果ててしまった。

一八五四年一〇月一六日、イリノイ州ペオリアでの論争は同意によってダグラスが三時間演説して、次にリンカーンがこれに答えた。リンカーンは聴衆に向かって時刻がすでに午後五時になったことを告げ、ダグラスに答えるには同じ時間が必要であり、さらにダグラスが反論を行なうのを確認した。リンカーンは聴衆に一度帰宅し、夕食をとってから、気分を変えて四時間の論争に臨むようにと提案した。聴衆はこれを快く受け、論争はリンカーンが言ったとおりに進んだ。

この場にいた聴衆とはどのような人だったか？ 七時間もの演説に喜んでつきあう人とは？ 注意したいのはリンカーンもダグラスも大統領候補ではないことだ。ペオリアでの論争にしても、二人はアメリカの上院議員の候補者でもなかった。聴衆は二人が公職にあることに関心をもっていたわけでもない。このような演説が自分の政治教育にとって大切だと考えた人、自分の社会生活に不可欠だと考えた人、弁論術を使う長い演説に慣れている人であった。

郡や国の定期集会では議論のために三時間を割り当てられた演説者が多数参加していた。聴衆は演説者が反論されるのを愉しみにしていたので、反論者には演説者と同じ時間が割り当てられる。また演説者はいつも男性とは限らなかった。スプリングフィールドで数日間続いた定期集会では、「毎日夕方になると、女性が『現代の進歩党運動に与える女性の影響』について裁判室で演説した」。

さらに、こうした人は演説を愉しむために定期集会や特別イベントに参加したのではない。街頭演説の慣習はとくに西部諸州で広く行なわれていた。演説者は倒木の切り株のそばや野外の開けた場所で聴衆を集め、二時間か三時間「演説をぶった」。聴衆は敬意を払い集中していたが、冷静ではなく感情をあらわにした。例えばリンカーンとダグラスが論争している間、聴衆は演説者を励ますために「言ってやれ、エイブ」と叫び、あざ笑いながら「できるもんなら、質問に答えてみろ」とののしった。

　ユーモアのある発言や、気のきいた文句や、的を射た発言があると、つねに喝采が起こる。オタワで初めて論争が行なわれたとき、ダグラスは長い喝采に応えて本音を明かす素晴らしい発言をした。「同胞の方々、これらの疑問について議論するには、喝采よりも静寂のほうが似合うようです。あなた方の感情や熱狂ではなく、良心や判断や理解に訴える所存です」。聴衆の良心や判断について多くのことを話すのは難しい。だが聴衆の理解に対しては多くをゆだねられる。

　第一に言えるのは、この時代に聴衆が備えていた集中力は現代人と比べて長く持続すること。現代アメリカの聴衆が七時間の話し合いに耐えられるだろうか？　五時間では？　あるいは三時間では？　しかもテレビ画像なしで耐えられるだろうか。第二に、聴衆は長く複雑な論述を耳で聴いて理解できた。オタワにおけるダグラスの演説は奴隷制度廃止宣言に関わるもので、長い法文による三つの決議案を一時間の演説に短縮したものだ。

　リンカーンはこれに答えて、以前の演説の出版物からさらに長い引用文を読み上げた。文体を切り詰めるリンカーンの言い回しは有名であり、リンカーンが論争に使った文章構造はダグラスのものと同じように複雑で巧妙なものであった。イリノイ州フリーポートで行なわれた第二回目の論争で、リンカーンは次のような言葉でダグラスに答えた。

「ダグラス判事のような聡明な方が一時間三〇分で語るすべてのことを、私などが三〇分以内に理解できるものでないことは、皆さんはすでにご承知のことと思う。従ってダグラス判事が述べたことに対する私からの反論を皆さんがお望みなら、私はコメントを差し控えるべきであり、判事のすべての意見を知り尽くすことなど不可能であることを、皆さんは覚えておくべきです」。

わたしは現代のホワイトハウスの住人が同じような状況におかれたとしても、このような文章を作成できるとは思わない。仮にできたとしても、聴衆の理解力や集中力を得られるとは思わないで作成しなければならない。テレビ文化にある現代人は聴覚や視覚にとって「わかりやすい言葉」を必要としており、法律に関わる状況においても「わかりやすい言葉」を求めるほどだ。リンカーンのゲティスバーグの演説[*2]は一九八五年の聴衆には理解できないと思われる。

リンカーンとダグラスの論争を聴いていた聴衆は、歴史上の出来事や複雑な政治活動など、議論されている事柄についてかなりの理解力を身につけていた。ダグラスはオタワでリンカーンに七つの質問をした。ドレッド・スコット最高裁判決、[*3]ダグラスとブキャナン大統領との論争、[*4]民主党員の不平、奴隷制度廃止論、リンカーンがクーパー・ユニオンで行なった「分離した議会」[*5]演説などについて、このオタワの聴衆が何も知らなかったら、弁論術としての効果がなかったに違いない。

リンカーンはさらに後の論争でもダグラスの質問に答え、奴隷制度支持を誓約するかしないかということと、実際に自分が信じていることとの違いを賢明にも区別していた。リンカーンは聴衆が自分の論点を理解していると思えないときは、自分が信じていることを口にしなかった。

二人は論争向きの言語というより単純な技術といえるもの、例えば名前を呼んだり、大言壮語の概論を話したりしながら、より複雑な弁論術である、あてこすり、皮肉、逆説、熟慮された譬え《メタファー》、明確な識別、矛盾点の指摘といった技術も駆使していた。聴衆が二人の駆使している手段に気づいているからこそ、それぞれの主張を誇示するための技術は効果をあげた。

しかし、一八五八年の聴衆が洗練された礼儀正しさを備えた人たちだと考えるのは誤っている。リンカーン対ダグラスの論争はすべてカーニバルの雰囲気で行なわれた。楽隊が音楽を演奏するが論争中は演奏を中止し、行商人は物を売り、子供がはねまわり、酒が売られた。こうした出来事は重要な社会的行事であり弁論の実践であったが、このことが行事をつまらないものにしたわけではない。前述したように、このような聴衆は知的生活と公共事業とを社会生活として取り入れていった人々だった。

バプテスト派の典礼を書いたウィンスロップ・ハドソンが指摘しているように、メソジスト教徒（英国の神学者J・ウェスリー創始。聖書の奇跡よりも個人や社会での徳を重視する教派）のキャンプ集会はピクニックと演説会を兼ねていた。もともとキャンプ地そのものは宗教的霊感を得るのに設営された場所でもあった。ニューヨーク州シュトーカ、ニュージャージー州オーシャン・グローブ、ミシガン州ベイビュー、ノースカロライナ州ジュナラスクなどは集会センターとなり、教育や知性を高める機能を果たしていた。つまりアメリカの全公共施設で複雑な論争のために言語を使うことは、興味深い大衆向けの情報伝達《ディスコース》の一般形式であった。

リンカーンとダグラスが記憶に残る言葉で語りかけた聴衆を理解するためには、彼らが一八世紀のアメリカにおける啓蒙思想運動の孫息子や孫娘であることを思い起こせばよい。政治家ベンジャミン・フランクリン、第三代大統領トーマス・ジェファーソン、第四代大統領ジェームズ・マディソン、そして思想家トム・ペインといった人たちの子孫である。そして歴史家へンリー・スティール・コメガーは一八世紀のアメリカを「理性の帝国」と呼んだが、その帝国の後継者でもある。

彼らの仲間には読み書きのできない開拓者や、英国人を奇妙な人間だと考える移民がいたことも事実だ。また一八五八年には写真と電信が発明されたが、これらは新しい認識機能を守る先発守備隊であり、その認識機能は理性の帝国を壊滅させることになる。だがこのことは二〇世紀になって初めて明らかになる。リンカーン対ダグラス論争が始まり、アメリカは読み書き能力が高度に発達した中期を迎えた。

一八五八年になると、民主主義を謳った詩人エドウィン・マーカムは六歳になり、作家マーク・トウェイン二三歳、詩人エミリー・ディキンソン二八歳、詩人ウォルト・ホイットマンと奴隷制度廃止論者である詩人ジェームズ・ラッセル・ロウェル三九歳、思想家ヘンリー・デビッド・ソロー四一歳、作家ハーマン・メルヴィル四五歳、クエイカー詩人ジョン・グリーンリーフ・ホイッティアーと詩人ヘンリー・ワズワース・ロングフェロー五一歳、作家ナサニエル・ホーソン五四歳、思想家ラルフ・ウォルド・エマーソン五五歳。作家エドガー・アラン・ポーはこの九年前に死去している。

わたしが本章の初めにリンカーン対ダグラス論争を選んだのは、これらの論争が一九世紀半ばにおける政治公開討論《ディスコース》の優れた例であるのと、政治公開討論《ディスコース》の性質に影響を与える活版印刷の原動力を明らかにしているからだ。演説者もその聴衆も文学のように語られる口述に慣れていた。演説を取り巻く鳴り物入りの大騒ぎや社交の催しがあったため、話者は言語以外に提供するものはほとんどなく、聴衆も言語以外に期待するものはほとんどなかった。そして、演説の言語は書かれた言葉という形式をもとにしていた。リンカーンとダグラスが語ったことを読んでみると、最初から最後までこのことが明確にわかるはずだ。実際に、論争はダグラスの次のような紹介から始まるが、すべて書かれた文字を読み上げていることは明らかだ。

「紳士・淑女の皆さん、私は今日、民衆の関心を喚起している政治の重要課題について論じるという目的のためにここに登場しました。リンカーン氏と私の取り決めにより、私たちは南部と北部の偉大なる二大政党の代表として、これら二党の間で検討されている方針について議論するという目的のために、本日ここにまいりました。ここに集まった多数の人々は深い心情を示しており、われわれ二人の意見を分かつ問題に関心を寄せる民衆の心の中に、その心情が広くゆきわたっているのです」。

この言語はまじりっけのない印刷物のもの。論争では大きな声で話さねばならないとしても、この事実を隠すことはできない。この時代の聴衆が耳で聴いて演説を理解するということは、印刷された言葉には強く共鳴しないような文化に暮らす人にとっては驚くべきことだ。リンカーンやダグラスはすべてのスピーチを前もって書き上げ、相手に対する反論も書いておいた。演説者の間で自然に生じるやりとりでさえ文章構造が見られ、文章の長さや弁論の構成は印刷物から取り入れた形式だ。彼らの演説には純粋な口述の要素が明らかに存在した。つまり、どの演説者も聴衆の気分に無関心であった。

しかし活版印刷の共鳴はいつも存在していた。論述と反論があり、要求と反対要求があり、関連文書に対する批判があり、論争者が直前に述べた文章について精査した。要するにリンカーン対ダグラスの論争は、印刷された文書から全文を引用した説明として述べられた。これこそダグラスが聴衆を諭した理由に当たる。自分の訴えることは聴衆の熱狂のためではなく理解のためにあると述べ、聴衆が静かに自省する読者であることを求め、聴衆が自分の言葉をよく考えることを求めた。

このことから次の疑問がわいてくる。書かれた言葉の喩えているもの、あるいは活版印刷の暗喩《メタファー》や比喩が示す言葉による公共の思想伝達《パブリック・ディスコース》とは何を意味するのか？　その内容にはどんな特言葉による意思の疎通《パブリック・ディスコース》は大衆に何を要求するのか？　言葉による情報の伝達《パブリック・ディスコース》にはどのような特徴があるのか？　言葉による情報の伝達《パブリック・ディスコース》は人心をどのように利用するのか？

わたしは書かれた言葉や、書かれた言葉を読み上げる演説は**内容を生じる**という、明らかな事実から始めねばならないと思う。意味があり、言い換えができて、人に提示できる、そういう内容があるということから始めねばならない。おかしなことを言うと思われるかもしれないが、現代人の情報の伝達《ディスコース》は些細なことにこだわる内容しか提示できないということを次に述べるつもりなので、ここではこの点を強調しておきたい。言語がコミュニケーションの主要な情報媒体であるとき、とくにその言語が印刷物の緻密さによって整えられるとき、観念、事実、主張が結果として生じる。観念は陳腐であったり、事実は不適切であったり、主張が誤っていたりするかもしれないが、言語が人間のものの考え方を導く手段であるなら、言語の意味から逸れるわけにはいかない。

時に応じて書かれたものであっても、書かれた英語の文章を使う限り、ある何かを発言することになる。説明というものはこれ以外に何の役に立つだろう？　言葉は意味を伝える以外、あまり役に立つことはない。書かれた文字の形でさえ、とくに見ていて面白いものではない。言葉を話すときの音声でさえ、非凡な詩的才能によって語られない限り、魅力のあるものではない。

文章が事実や、要望、質問、主張、説明などを伝えないならば、それは無意味な単なる文法の抜け殻にすぎない。結局、一八世紀と一九世紀のアメリカに見られた言語中心の意思の伝達《ディスコース》は、内容のあるまじめなものになっていくが、情報の伝達《ディスコース》が印刷物からその形式を取り入れたからなおさらだった。

言語中心の意思の疎通《ディスコース》がまじめであるのは、その意味を理解しなければならないからだ。書かれた文章が筆者を呼びつけて何かを発言させ、読者を呼びつけて発言の趣旨を理解させようとする。筆者と読者が意味を理解しようとしているときは、両者とも知力によってまじめに挑戦している。とくに読書するときにまじめになるのは、筆者がたよりにならないからだ。筆者は嘘をつき、混乱し、一般化しすぎ、論理や常識を誤用する。

読者は知力をいつでも使えるように準備を整えておかねばならない。これがむずかしいのは、テキストだけに取り組まねばならないからだ。読書をしている読者は一人で対話しており、知力は自分だけの情報源に投げ返される。印刷された文章の冷たい抽象性に立ち向かうには、美しい文章に捉われず、仲間の手を借りず、言語を素直に見つめること。このように読むことはまじめな仕事となる。また本来は理性の活動でもある。

一六世紀のデシデリウス・エラスムス（一四六六～一五三六　オランダの人文学者、文芸復興の先駆者）に始まり、二〇世紀のエリザベス・エイゼンシュタイン（一九二三～　米国の歴史学者。手稿文化から印刷文化に至る変化を研究）に至る研究者は、読書が心の習慣に与える影響を研究し、次のように結論した。読書はその過程で理性をはぐくむこと。連続して命題を提示する書かれた言葉の特徴が、ウォルター・オングの言う「知識の分析管理」を行なう能力をはぐくむことだ。書かれた言葉を使うのは思考の流れに従って分類したり、推論を立てたり、論理にそって考えたり、かなりの努力を必要とする。嘘や、混乱や、一般化のし過ぎを見つけ出し、論理や常識の誤用を突き止めることを意味する。

また観念について熟考し、主張を比較したり対照したり、一般論を他の一般論に結びつけることを意味する。これを行なうには、客観化され感情を交えない元の文章《テキスト》によって、言葉そのものとは少し距離を置かねばならない。良い読者は適切な文章に喜んだり、出来のいい段落をほめるために、読書を中断しない。分析思考はそういうことにはこだわらず、私情を離れている。

わたしはここで分析思考は書かれた言葉より以前には存在しなかったと言っているのではない。わたしは個人が備えている精神の潜在力ではなく、文化が押し付けてくる思考様式の特徴のことを言っている。印刷物が巾をきかせていた文化では、一般向けに意思や情報を伝えること《パブリック・ディスコース》は事実と観念が首尾一貫して秩序正しく配列されるという特徴を備えるようになる。

国民に対して一般向けに意思や情報を伝えることの意図《パブリック・ディスコース》は、そのような意思や情報を伝える能力を高めることにある。印刷文化に支配された時代では、著者は嘘をつき、矛盾したことを言い、一般論を裏付けられず、非論理的な文脈を押し付けて、誤りをおかす。印刷物が万能であった時代では、読者は注意を怠たり、注意を傾けず、誤りをおかす。

一八世紀から一九世紀にかけて、印刷物は知性とは客観性を備え理性を備えた精神の使い方を最優先するものと定義し、同時にまじめさと論理的秩序のある内容を備えた一般向けに意思や情報を伝えるの形式《パブリック・ディスコース》を奨励した。理性の時代が印刷文化の隆盛とともに、最初はヨーロッパで、次にはアメリカで共存していたのは決して偶然ではない。

活版印刷の普及は世界および世界にある多種多様な謎が、多少なりとも理解され、予測され、制御されるという希望を高めた。一八世紀には、知識を分析管理する代表格である科学が、世界を改造する試みが始まる。一八世紀には、資本主義こそが理性主義と自由主義による経済体制であることが実証され、宗教上の迷信がすさまじい攻撃を受け、国王の聖なる権限が単なる偏見であることが明白になり、継続する進歩という観念が根を下ろし、教育を通じて読み書き能力を普及すべきだということが明らかになった。

活版印刷が暗示した一番の楽観論は、ジョン・スチュアート・ミル（一八〇六～七三　英国の経済学者・哲学者）の自叙伝にある次の一段落に見られる。

「私の父は人類の威光に絶大な信頼をよせていたため、読み書き能力が普及した社会であるなら、全人類が読むことを教えられ、すべての考え方が言葉や書き物によって伝えられ、さらに投票という手段によって自分の意見を議会へ提示できたなら、すべての知識が獲得できると考えていた」。

もちろん、これは実現しない願望だった。英国やアメリカ、あるいはその他の国の歴史には、大ミルが活版印刷に可能だと期待したような、理性が完全に支配した時期はなかった。それでも一八世紀と一九世紀において、印刷された言葉に偏ったアメリカ人の一般向けに意思や情報を伝えること《パブリック・ディスコース》がまじめなものとなり、理性をもとにした議論や講演になっていく傾向があり、その結果意味のある内容を作り上げたことを実証するのは難しくない。

この点を明らかにするため、宗教の説法《ディスコース》や説教について考えてみよう。一八世紀のキリスト教信者は一般の人と同じように理性主義の伝統に大きな影響を受けていた。新世界ではすべての人間に宗教の自由が認められたが、このことは理性そのものが不信心者に光をもたらすことを意味する。エズラ・スタイルズ（一八世紀北米の会衆派聖職者・神学者。エール大学学長も務めた）は一七八三年に行なった有名な説教でこう語っている。「この地では理神論（第三章参照）に大きな可能性がある。自由思想家は武器によって制圧されるのではなく、議論と真実という優雅で強力な手段によって制圧される」。

自由思想家の話は別として、わたしたちは理神論者に大きな可能性が与えられていたことを知っている。実際に合州国初期の四人の大統領が理神論者であったのは確かだ。ジェファーソンはイエス・キリストの神性を信じず、大統領職に就くと四福音書の一節を書いたが、「根拠のない」出来事を記述した箇所をすべて削除し、キリストの教えのうち倫理に関わる事柄だけを残しておいた。伝説によると、ジェファーソンが大統領に選ばれたとき、年老いた女たちは聖書を誰にも見られないところに隠し、涙を流したと言われている。

老女たちはトーマス・ペインを大統領に就任させるか、政府の高官に迎えさせたかったが、そのようなことは想像もできなかった。トーマス・ペインは著書『理性の時代』で聖書と聖書に続くキリスト教神学を攻撃している。イエス・キリストについては徳のある優しい人物なので受け入れているが、キリストの神性を記した物語については不合理な世俗の物語だと批判しており、ペインはこのことを理性主義者が行なう方法によって聖書の本文を詳しく分析した。

彼はこう書いている。

「ユダヤ教・キリスト教・回教の、国内にあるすべての教会施設は、私には権力者が作り出したように見える。これらの施設は一般の人を畏れさせて奴隷にし、権力と利益を独占するものである」。

ペインは『理性の時代』を公表したため、一七八七年に合州国憲法を制定する殿堂に入れなくなり、現在に至るまでアメリカ史の教科書でも曖昧に扱われている。エズラ・スタイルズは自由思想家や理神論者が尊敬されているとは言っていない。自由思想家や理神論者は自分の理性だけを陪審として、公開法廷で自分の意見を言ったのだろう。彼らの行動もまた理性に基づいていた。理神論者はフランス革命によって覚醒した熱狂に後押しされ、教会は人類の進歩を阻む敵であるとして、宗教的盲信は理性主義の敵だとして攻撃したが、このことは一般社会での風潮となった。

教会側はもちろん反撃に出て、理神論が人々の関心をひかなくなった時、教会内部で争いが起こった。一八世紀半ばに向かい、ウィリアム・テネント（一七世紀英領北米の宗教指導者・教育者）とセオドア・フレリングイセン（一七～八世紀前半の米国上院議員）は長老派の内部における信仰復興運動[*6]を率いた。この二人の伝統を受け継いだのは、アメリカにおける宗教「覚醒」に関わった三人の偉人、ジョナサン・エドワーズ（植民地北米の会衆派伝道者）とジョージ・ホワイトフィールド（一八世紀の英国教会メソジスト派の説教者）、そして一九世紀後半になってからチャールズ・フィニー（第二期覚醒時の指導的説教者）であった。

これらの人々は目覚ましい成功を収めた説教者であり、その訴求力は理性の届く範囲をはるかに超え、意識の領域にまで達していた。ホワイトフィールドが「メソポタミア」という言葉を発音するだけで、聴いていた聴衆は涙を流したと言われている。一八三九年、ヘンリー・コズウェルが「宗教への熱狂は当時の合州国で見られた精神障害の状態だと言われている」と書いているのは、こうした状況を説明している。だが次のことは重要なのでよく覚えておいてもらいたい。つまり一八世紀と一九世紀の信仰復興を唱える説教者と、これと激しく対立した既存の教会との論争は、理性と論理に基づく秩序ある言語で書かれたパンフレットや本を通じて行なわれたことである。

ビリー・グラハム[*7]やその他のテレビに出演している信仰復興者を、現代のジョナサン・エドワーズやチャールズ・フィニーだとするのは重大な誤りだ。エドワーズはアメリカが生んだ最も際立った創造精神の持ち主であった。エドワーズの芸術論への貢献は神学への貢献と同じように重要だ。エドワーズの関心は学問にあり、毎日長い時間を研究にあてた。自分の聴衆に即興で話すことはなかった。

エドワーズが読み上げた説教は綿密に組み立てられ、厳密に理論化された教義の解説だった。聴衆はエドワーズの言葉に感動させられたが、感動よりも理解することを求められた。エドワーズが名声を得たのは一七三七年に出版された『ノーザンプトンにて数百人が改宗したことにおける、崇高なる神の御業に関する忠実な物語』によるところが大きい。一七四六年に出版された『宗教気質に関する物語』はアメリカで出版された最も優れた心理研究の一冊とされている。

現在の「大覚醒（第四期）」における著名人たち、オラル・ロバーツ、ジェリー・ファルウェル、ジミー・スワガートなどと違い、過去におけるアメリカ信仰復興運動の指導者は、研究を行ない、理性を信じ、豊かな説明能力を備えた人たちであった。宗教の既成権力組織との論争は、宗教の霊感についてよりも、むしろ神学や意識の性質について行なわれた。例えば教義上の論敵がフィニーの性格を「純朴な無骨者」と呼んだが、彼はそうではなかった。フィニーは法律を学び、系統立った神学の本を書き、オハイオ州北部にあるオーバーリン・カレッジの教授になり、のちに学長になって生涯を終えた。

一八世紀における宗教家同士の教義論争は、熟慮された説明という形で論じられただけでなく、一九世紀には大学を設立する特別な手段として定着した。アメリカの教会が高等教育制度の要となったことは忘れられているようだ。ハーバード大学は一六三六年という早い時期に設立されたが、その目的は学問を修めた聖職者を会衆派教会の任務につかせることにあった。

そして六五年後に会衆派の信徒が教義について内部で争うようになると、ハーバード大学の手ぬるさをただすためエール大学が設立されたのだが、エール大学は現在に至るまでこの責任を負わされている。会衆派の強い知的責任感は他の宗派にも見られ、学校を設立するという情熱となっていった。

長老派教会は有名なものとしては一七八四年にテネシー大学を設立し、ワシントンとジェファーソンを一八〇二年に、ラファイエットを一八二六年に設立した。バプテスト派も、コルゲート（一八一七年）、ジョージ・ワシントン（一八二一年）、ファーマン（一八二六年）、デニオン（一八三二年）、デニスン（一八三一年）、そしてウェイク・フォレスト（一八三四年）を設立。監督教会はホバート（一八二二年）、トリニティ（一八二三年）、そしてケニオン（一八二四年）を設立。メソジスト派は一八三〇年から一八五〇年までに、ウェスリー、イモリー、デポウを含む八大学を設立。ハーバード大学とエール大学に次いで、会衆派はウィリアムズ（一七九三年)、ミドルベリー(一八〇〇年)、アマースト(一八二一年)、オバーリン(一八三三年)を設立した。

コズウェルがアメリカ人の宗教生活について言っていたように、読み書きや学習に没頭することが「精神障害の状態」だとすると、そのような例はもっとある。一八世紀と一九世紀にアメリカに存在した宗教思想と宗教施設では、厳格で、学識があり、知力に富む意思や情報を伝える《ディスコース》形式が普及しており、これは現在の宗教生活には見られなくなった特徴だ。

ジョナサン・エドワーズの神学論議と、例えばジェリー・ファルウェルやビリー・グラハムやオラル・ロバーツの論議とを比べてみても、宗教の説教や説法《パブリック・ディスコース》における初期の形式と現代の形式との相違は見あたらない。崇高なエドワーズの神学は必然的に知力を必要とする内容だった。テレビに出演している福音伝道者の神学にそのような内容があったとしても、彼らはまだその内容に気づいていない。

印刷文化における意思・情報伝達の特徴と、テレビ文化における意思・情報伝達の特徴との違いは、法律の制度を見れば理解できる。

印刷文化に生きた法律家は、教育があり、理性に目覚め、印象に残る解釈によって論議しなければならなかった。アメリカ史ではたびたび見過ごされてきたことだが、フランスの政治家トクヴィルが述べているように、一八世紀と一九世紀の法律家は「知力の規模において秀でた人」であった。国民の英雄となった何人かはこうした法律家から選ばれており、アラバマ州のサージェント・プレンティス、イリノイ州の「正直者」エイブラハム・リンカーンなどだ。リンカーンが陪審をあやつる悪賢さは高度な演劇を思わせ、テレビ番組に出てくる法廷専門弁護士とは雲泥の差がある。

アメリカの法律学をおさめた優れた人物、ジョン・マーシャル、ジョゼフ・ストーリー、ジェームズ・ケント、デヴィッド・ホフマン、ウィリアム・ワート、ダニエル・ウェブスターには知的な上品さがあり、理性主義と学問に貢献した模範となる人々だ。彼らは民主主義の明らかな長所によって、節操のない個人主義がはびこる危機をまねくと考えていた。「法律のための理性主義を創造する」ことによって、アメリカ文化を定着させることを望んでいた。こうした高尚な見解をいだいていたので、法律が法律専門家のためにあるのではなく、自由なものでなくてはならないと考えた。

有名な法律学の教授ジョブ・タイソンによると、法律家はセネカ（古代ローマのストア派哲学者）、キケロ（BC一〇六〜四三　共和制ローマの政治家）、プラトンの作品に親しんでおくべきだと述べている。ジョージ・シャースウッド（一九世紀ペンシルヴァニアの法学者、最高裁判事）は二〇世紀になると法律教育が減少するという状況を予測した人だが、一八五四年において法律書だけを読むのは精神に害を与え、「精神が慣れ親しんだ専門用語に拘束され、法律の領域にある事項についてさえ、広い範囲にわたって見渡せるような考え方を見失う」と述べている。

　合州国のそれぞれの州と同じようにアメリカが成文化された憲法を掲げているという事実と、法律は偶然によって発展するのではなく明確に定式化されるものだという事実によって、自由主義の法精神、理性を重んじる法精神、そして思想を表現できる法精神を主張することがさらに強められる。法律家が読み書きに秀でていなければならないのは、理性は最高位の権威であり、法律の問題は最高位の権威に向けられるからだ。

　ジョン・マーシャル（一九世紀前半の米国史上名高い最高裁判事）が偉大な「理性の化身であるのは、ナッティ・バンポー*8のようにアメリカ人の想像力に訴える、生き生きとした象徴であるからだ」。マーシャルは活版印刷文化に育った人物だった。私心がなく、分析を好み、論理に忠実であり、矛盾を嫌っていた。自分の主張を弁護するために類推しなかったと言われている。マーシャルが自分の判断を述べるときには、「ご承知のように……」という決まり文句を使った。マーシャルの前提を認めた人は彼の結論を受け入れねばならなかった。

　現在では想像できないことだが、建国時のアメリカ人は当時の法律に関わる重要な出来事だけでなく、有名な法律家が事件を論じるのに使っていた言語まで熟知していた。このことはダニエル・ウェブスター（一七八二〜一八五二　米国の国務大臣を二度務めた弁護士出身の政治家）[*9]に当てはまる事実であり、小説家スティーヴン・ヴィンセント・ベネットが短編小説で、悪魔と交渉する人物にウェブスターを選んだのは自然の成り行きだった。次のような特徴のある言語を話す男に、悪魔はどうしたら勝てるだろう？小説の登場人物である最高裁判事ジョゼフ・ストーリーがその言語について語っている。

「……明快さと論述のまぎれもない単純さ、論題に対する広い理解力、情報源から導き出す例証の豊かさ。鋭い分析と問題点を見出す力、複雑な主題をときほぐす力と主題を要素に分割して平凡な精神にもわかるようにする力。論争相手の全手段の裏に自らの論議を植え付けてしまう一般化における力強さ。自分を弁護できないほど熱を入れず、不必要な領域に踏み込まない、用心深さと注意深さ」。

この文を引用したのは、印刷された言葉に影響された精神をやどしたと思われる人物による意思を伝える《ディスコース》特徴であり、一九世紀における最良の記述であるからだ。ジェームズ・ミルが活版印刷機のもたらす奇跡を予言したが、そのなかで理想とし模範としたものと同じだ。模範とはいかなくても、すべての法律家が望んだ理想と言える。

そのような理想の影響力は法律家や聖職者といった専門領域をはるかに超えていた。商取引の世界にも理性を重んじた活版印刷による情報伝達《ディスコース》の共鳴を発見できる。広告掲載を商取引の声であるとするなら、一八世紀と一九世紀に商品を売ろうとした人々がダニエル・ウェブスターのような人間を消費者だと考えたのは歴史がはっきりと教えてくれる。そのような売り手は潜在的な買い手が読み書きを行ない、理性を重んじ、分析を好むと考えた。アメリカにおける新聞広告の歴史は、歴史そのものがまさに理性に始まり娯楽に終わるという、活版印刷の精神が衰退していく一つの喩え《メタファー》と考えられる。

フランク・プレブリーは古典となった研究書『広告の歴史と発展』で、活版印刷が消滅していく時期を一八六〇年代後期から一八七〇年代前期としている。プレブリーはその直前の時期を、活版印刷に広告用大型見出しが普及した「暗黒時代」と呼んでいる。彼の言う「暗黒時代」は一七〇四年に始まるが、この年にアメリカの新聞「ザ・ボストン・ニュースレター」紙で初めて有料広告が掲載された。全部で三つの広告が約一〇センチの縦欄にならんだ。第一は強盗を捕らえた者に対する賞金。第二はあるグループによって盗まれた金床を返した者に払う懸賞金。第三は実際に販売された商品の広告で、現在の「ニューヨーク・タイムズ」紙でも見られる不動産広告だ。

「ニューヨーク州、**ロングアイランド**のオイスター・ベイ。環境良好な毛織物の縮充工場、借家としても売家としても最適、農園付き。広く新しいレンガ造りの家屋、台所や作業所として利用可能な家屋、納屋、馬屋、新しい果樹園、四〇〇〇平米の空き地付き。工場は、農園付きあるいは農園無しでも、借家としても売家としても最適。問い合わせは、ニューヨークのウィリアム・**ブラッドフォード**印刷店まで、委細面談」

それから一世紀半後になっても、広告は少し変わっただけで同じ形式をとっていた。例えば、ブラッドフォード氏がオイスター・ベイにある不動産の広告を掲載してから六四年後に、伝説の人物ポール・リヴィア（米国独立戦争当時に伝令を務めた金銀細工師）が「ボストン・ガゼット」紙に次のような広告を掲載した。

「不幸にして、多くの人が偶然に前歯を失ってしまうと、容貌だけではなく、仕事でも生活でも会話に支障をきたしてしまいます。当方では、悪い歯は義歯に取り替え、自然な容貌を取り戻し、普通の会話ができるように治療いたします。金細工師ポール・リヴィア、ボストン、ドクター・クラーク波止場の岬」。

リヴィアは別の段落で、ジョン・ベイカーが義歯を調整してくれることと、歯が抜けそうになって体面を気にしている人はリヴィアのところで固定できると説明している。また自分はそうした技術をベイカー本人から学んだとも述べている。

リヴィアの広告が掲載されてからほぼ一〇〇年の間、広告主は出版社が要求してくる縦型の活版印刷形式を本気で変えようとしなかった。広告は一九世紀末になって、ようやく現代の情報伝達の様式《ディスコース》に変わった。一八九〇年代末になり、広告はいまだに言葉によるものと思われていたが、本質的にはまじめで理性ある企業活動と見なされ、その目的は情報を伝えることと、提案という形式で主張することにあった。スティーブン・ダグラスが別の個所で述べていたように、広告は理解を求めるものであり、感情に訴えるものではなかった。

活版印刷による組版の時代に、こうした主張が真実だと言っているのではない。言葉は内容の真実性を保証できない。むしろ言葉は「これは真実か、真実ではないか?」という質問が適切であるように文脈を組み立てる。一八九〇年代、初めは大量の挿絵や写真が入り込んできたことで、次には提案を意図しなかった言葉で、そうした文章が使われなくなった。例をあげると一八九〇年代の広告主は標語を使い始めた。フランク・プレブリーは現代の広告が二つの標語で始まっていると述べている。「ボタンを押したら、あとはおまかせ」と、「どうしてあんなにイライラするの？」。

これと同じ時期にコマーシャル・ソングが使われ始め、一八九二年には、プロクター＆ギャンブルが自社のアイボリー・ソープのCMで、視聴者も歌をうたうように誘っていた。一八九六年、オートミールのメーカーが初めて高い椅子の上にのった赤ちゃんの写真を使った。スプーンを持ってご機嫌な赤ちゃんの目の前にシリアルの入った皿が置かれていた。一九世紀末、広告主は潜在的な消費者は理性によって判断しないと考えるようになった。広告は一方で徹底した心理学になり、他方で美についての理論になった。理性は舞台から去るしかなかった。

印刷された言葉が、知性や真実や情報伝達《ディスコース》の特徴についての仮説を建国時期のアメリカに広めた役割を理解するには、一八世紀と一九世紀における読書という行為と、現在のわたしたちが行なう読書という行為とは、まったく違っていたことに留意しなければならない。例をあげると、すでに述べたように、印刷された言葉が注意力と知性とを掌握していたので、一般常識を得るには口述以外の方法がなかったからだ。

例えば著名人は書かれた言葉によって知られたのであり、顔や話し方によってではなかった。米国が誕生した頃に大統領になった一五人の人物は、ふつうの市民にまじって市街を歩いていても、誰だか気づく人はいなかった。同時代に生きた偉大な法律家、聖職者、科学者も気づかれなかっただろう。こうした人物について考えてみるということは、彼らが書いたものを考えてみることであり、社会での地位や、公衆の前で行なった論述や、印刷文字に置き換えられた知識によって、その人物を判断することだった。

わたしたちが知っている大統領について考えてみると、当時の社会認識からどれだけかけはなれているかがわかり、このことはわたしたちにとって身近な人物である説教者、法律家、科学者についても言える。リチャード・ニクソン、ジミー・カーター、ビリー・グラハム、アルバート・アインシュタインでさえ、読者の心に思い浮かぶのは、画像に映った容姿であり、写真の顔であり、テレビに映った顔であるはずだ。とくにアインシュタインの場合は顔写真のはず。彼らの言葉がわたしたちの心に浮かぶことはまずない。これこそ言葉中心の文化において考えることと、画像《イメージ》中心の文化において考えることとの大きな違いとなる。

また、このことは余暇に恵まれない文化に生きることと、余暇に恵まれすぎている文化に生きることとの違いだ。農耕に従事しながら本を読む農家の少年、日曜日の午後になると子どもたちに本を朗読してあげる母親、帆船が港についたことを知らせる商人、これらの読者は現代の読者とはまったく違う。余暇として読書を楽しむことなどできなかったのは、そんな暇がなかったからだ。

ものを読むことには何か神聖な意味があったようで、たとえ神聖とは言えなくても、特別な意味のある毎日の儀式あるいは毎週の儀式だった。覚えておきたいのはこの時代には電気が存在しなかったこと。ろうそくの光や、その後のガス灯のもとで読書するのは容易ではなかったはず。読書する時間帯は夜明けから仕事が始まるまでの間だった。まじめに、集中しながら、そして揺るぎのない目的をもって読書したに違いない。

一七九〇年や一八三〇年や一八六〇年の時代には、読者が行なっている行為とは性質の異なる「理解力」をテストするなどという現代風な考え方は愚かなことになる。本を読むことこそ理解することではなかっただろうか？　もちろん学校に通えなかった人は別にして、わたしたちが知り得る限り、「本を読む上での問題」を抱えた人などいなかった。

通学が読書を身につけることを意味したのは、読書能力がないと文化に関わる会話ができなかったからだ。だが、このような時代にはほとんどの人が本を読むことができ、会話に参加できた。こうした人々にとって、読むことは社会との接点であり、社会人の模範とされた。印刷されたページの一行を追うごとに、一ページを追うごとに、世界は厳かで、良いたたずまいの場所であり、論理にかなう妥当性のある批判を通じて、理性により管理し改善もできることが明らかになる。

一八世紀と一九世紀の世界を見てみると、印刷された言葉が反響しているのを見出すことができる。とくに共鳴が公的表現のすべての形式と複雑に結びついていた。二〇世紀初頭の歴史家チャールズ・ビアードが書いているように、アメリカ合州国憲法の創案者の主要な動機が、経済の利益を守ることにあったというのは事実だろう。しかし、創案者が公共生活に参入するには、わかりやすい言葉で印刷する能力が必要だと考えたことも事実だ。

洗練された読み書き能力さえあれば、市民として成長することは可能であった。何故なら、投票年齢がほとんどの州で二一歳に決められていたからであり、ジェファーソンが大学教育こそアメリカ人に最良の恩恵をもたらすと考えたからだ。また歴史家のアラン・ニヴェンスとヘンリー・スティール・コメガーが指摘していることだが、財産のない者に対する投票規制は甘かったが、文字を読めない者に対しては厳しかったというのも事実だ。

歴史家フレデリック・ジャクソン・ターナーが書いているように、アメリカ人を奮い立たせたのは西部への開拓精神であったというのも事実だろう。しかし、歴史小説家のポール・アンダーソンが書いているように、「農耕に従事しながら本を読む農家の少年だけが会話のできる人物像ではない。シェイクスピアがそうであり、エマーソンやソローもそうであった」[*10]というのも、また事実だ。

何故なら、カンザス州の学校で行なわれた選挙で初めて女性に投票権を認めたのも、ワイオミング州でまったく平等な公民権が初めて認められたのも、開拓精神だけによって実現したからではない。おそらく女性は男性よりも熟達した読者であり、開拓地となった州においても、公衆向けの思想・情報伝達《パブリック・ディスコース》の主要な方法は書かれた言葉に由来していた。文字を読める人は確実に会話に溶け込むことができた。

別の歴史家ペリー・ミラーが指摘しているように、アメリカ人の宗教への熱意がエネルギーを与えたのも事実だ。あるいはアメリカ建国当時の歴史家が言っているように、時節が到来したからアメリカが創られたというのも事実だろう。わたしはこうした歴史家たちの意見に反対しないが、次のような意見も述べておきたい。これらの歴史家が説明しようとしているアメリカを支配していたのは、印刷機が作りだした印刷物から形式を取り込んだ一般向けの情報伝達《パブリック・ディスコース》であった。アメリカは二世紀の間、白紙の上の文字によって、その独立を宣言し、イデオロギーを表現し、法律を創案し、製品を売り、文学を創造し、神性を表明してきた。アメリカはまさしく活版印刷によって語り、活版印刷を象徴世界の主要な特徴として位置づけ、世界の文明において優位に立ったのである。

　わたしはアメリカ精神が印刷機によって支配された時期に、〈説明の時代〉という名称をつけたい。説明は思考様式であり、学習の方法であり、表現の手段でもある。成熟した意思や情報の伝達《ディスコース》に結びつくすべての特徴は、活版印刷によって増幅され、説明へ向かっていくという強力な偏りを示していた。概念によって思考し、推論によって思考し、時間の経過に伴って思考する、洗練された能力。理性と秩序の高度な多様性。矛盾を嫌う精神。感情に捉われず客観性を保つ能力。ゆっくりとした応答を許す心の広さ。わたしがこの章で明らかにしたかったのは、一九世紀末に向かって〈説明の時代〉が過ぎ去ろうとしており、時代が移り変わる兆しを感知できるということなのだ。次に訪れるのはショー・ビジネスの時代である。

〈訳注〉

1　**スティーブン・A・ダグラス**　（一八一三～六一）当時の政局は民主党対共和党という単純な図式で示せるものではなかった。共和党員はブキャナン大統領に対立する指導者として、対立していた民主党のダグラスを支援していた。一八五八年、リンカーンとダグラスはイリノイ州連邦上院議員対立候補として選挙に出馬する。「リンカーン対ダグラス論争」はこの選挙活動中に七回にわたって行なわれたが、リンカーンの発言は全国的な注目を浴びた。一八六〇年、ダグラスは民主党の大統領指名候補として、リンカーンは共和党の大統領指名候補として対決したが、リンカーンが勝利を収めた。

2　**ゲティスバーグの演説**　一八六三年一一月一九日、リンカーンはゲティスバーグ国立戦没者墓地で開かれた軍事式典に臨み、南北戦争で戦死した人々のために演説を行なった。演説の中に、あの有名な「人民の、人民による、人民のための政治」の一節がある。

3　**ドレッド・スコット最高裁判決**　アメリカ陸軍の兵士ジョン・エマーソンは一八一八年以降、黒人奴隷ドレッド・スコットを資産として所有していた。エマーソン一家はスコット一家とともに奴隷制を住民自身が選択できる自由州に住んだことがあり、そこでスコット一家を賃貸奴隷にして他者に貸与していた。ドレッド・スコットは自由州に住んでいたことを理由に、奴隷という身分からの解放を求めた。一八五七年、合州国最高裁判所はこれに対して奴隷は所有物であり市民ではなく、告訴する権利なども認められないとの判決を言い渡した。

4　**ダグラスとブキャナン大統領との論争**　この論争が発展した背景には、ミシシッピー川より西に位置する西部の土地に住民を移住させ、西部一帯を発展させるという政治上の政策がある。一八五四年、スティーブン・ダグラスはミズーリ川とロッキー山脈に挟まれた地域をカンザス準州とネブラスカ準州とし、この土地では住民が奴隷制導入の可否を決定できるとしたカンザス・ネブラスカ法を成立させた。しかし、この法律はカンザス準州での自由派と奴隷支持派の対立を深め、結果として共和党の進出を促し、さらに南北戦争へとつながっていくことになる。当時の大統領ブキャナンとその同盟者は、カンザス州住民の要望に反して、奴隷制を支持する連邦奴隷法を可決させようとしたが、ダグラスがこれを阻止した。この動向は一八六〇年の民主党の分裂へと発展する。

5 **クーパー・ユニオン**　一八五九年、ニューヨーク市に設立された私立学校。正式名称は「科学と技術振興のためのクーパー協会」。一八六〇年二月二七日、エイブラハム・リンカーンはこの学校の講堂において、論争の相手となったスティーブン・ダグラスに対する歴史的な演説を行なった。その内容は、連邦領土や新たな州へ広がっていく奴隷制度を、調整あるいは制限すべきだと訴えている。演説は北部地域に新聞を通じて伝わり、リンカーンを大統領候補へ導く発端になった。二〇〇八年三月二七日、オバマ・バラク氏はこの講堂で合州国のとるべき経済政策に関する演説を行なった。

6 **信仰復興**　聖霊の働きによって、信仰心の覚醒が集団にもたらされることをさす。アメリカの宗教史には、新教徒の信仰復活運動が最盛期を迎える、「大覚醒」と呼ばれる時期が4回ある。第一期一七三〇〜六〇年、第二期一八〇〇〜三〇年、第三期一八五〇〜一九〇〇年、第四期一九六〇〜八〇年。

7 **ビリー・グラハム**　一九一八生まれ。福音伝道者として、歴代の大統領に信仰に関する助言を提供してきた。テレビ出演を通じて絶大な人気を誇った。米国では日本と違いテレビというメディアを通じて宗教活動が認められている。伝道者は一種のタレントであり、信者を増やし、寄付を募るために視聴者の感動を煽る演技を身に付ける。ギャラップ世論調査によると、二〇世紀において最も尊敬された人として第七位に位置づけされている。

8 **ナッティ・バンポー**　アメリカの作家ジェームズ・フェニモア・クーパーの『レザー・ストッキング・テイルズ（皮脚絆物語）』に登場する人物で、北米植民地時代に生きた文明を憎む正義漢。題名は鹿皮の脚絆を履いていたことに由来する。

9　**スティーヴン・ヴィンセント・ベネット**　（一八九八〜一九四三）作家、詩人。一九二八年、長篇詩「American Civil War, John Brown's Body」で一九二九年のピューリッツァ賞を獲得。ここで引用されているのは、短篇小説「悪魔とダニエル・ウェブスター」。

10　**「農耕に従事しながら……もそうであった」**　トーマス・ジェファーソンは一七八七年一月一五日付の手紙に、英国人がアメリカ人の木工技術は英国から伝えられたというのは間違っていると記している。その理由として、アメリカ人が車輪の円周材を一つの木材から切り出す技術は、ホーマーが自著で語った技術を習得したものであり、英国人はアメリカ人の技術を真似たからだ、としている。

第五章　いない、いない、ばあ*1の世界

一九世紀半ばに向かうアメリカに二つの考え方が同時に現われ、物事を一点に集中させる収束力が二〇世紀の一般公衆への思想や情報の伝達《パブリック・ディスコース》に関わる新たな一つの喩え《メタファー》をもたらした。二つの考え方は協力して説明の時代を追い出しにかかり、ショー・ビジネスの時代への基礎を作った。

一方はまったく新しく、他方はアルタミラ遺跡の洞窟絵画ほど古い。わたしは古いほうの考え方から述べるつもりだ。新しい考え方とは輸送とコミュニケーションとを互いに切り離し、空間の距離が情報の移動を妨げないというもの。

一八〇〇年代のアメリカ人は空間を「移動する」ことに強い関心をいだいていた。一九世紀半ば、開拓地は太平洋までのび、一八三〇年代に着工した未完成な鉄道網が大陸を横切って人間や商品を輸送した。しかし一八四〇年になるまで、情報は人間が動く速度で伝わった。

正確に言うと、鉄道が動く速度で伝えられた。もっと正確に言うと、時速五六キロという速度で伝わった。こうした限界があったため、アメリカは一つの国として発展していかなかった。一八四〇年代になっても、アメリカはいまだに地域の寄せ集めであり、一地域の範囲内で会話を交わして交流を図っていた。大陸規模の会話はまだ成立していない。

この問題を解決したのは、小学生でも知っている通り、電気の力による。驚くほどのことではないが、電気による情報伝達として実際に使える方法を発見し、ついに空間の問題を解決したのはアメリカ人。もちろん、サミュエル・フィンレイ・ブリーズ・モールスのことを言っており、モールスは事実上アメリカ最初の「宇宙（空間）飛行士」であった。モールスが作った電信機は州の境界を消し、地域を消滅させ、大陸を情報網で包みこみ、アメリカ人の意思を統一して伝達《ディスコース》する可能性を示した。

だが代償は大きかった。モールスは電信が「全国を一つの地域」にすると予見したが、電信はモールスが予見できなかったようなことを行なった。

電信は当時知られていた情報の定義を破壊し、公共向けの意思《パブリック・ディスコース》・情報伝達の意味を変えてしまった。こうした状況を理解していた人は少なかったが、そのうちの一人ヘンリー・デヴィッド・ソローは『ウォールデン』に次のように書いている。「私たちは大急ぎでメインからテキサスを結ぶ電信を設置した。しかしメインとテキサスには話し合うほど重要なことはない。……熱心に大西洋の底にトンネルを掘り、古い世界を数週間ばかり新しい世界のほうへ引き寄せようとしている。しかし、パタパタはためいているアメリカ人の大きな耳に偶然飛び込んでくる最初のニュースは、アデレイド王女（英王室からドイツに嫁いだ王女）が百日咳にかかったというものだろう」。

ソローはまさに正しかった。彼は以下のことを理解していた。電信が自ら情報伝達《ディスコース》の定義を創り出したこと。電信はメインとテキサス間の会話を許可し、強要したこと。電信はそれまで活版印刷文化の人間が親しんできたものとは異なる会話の内容を要求したこと。

電信は活版印刷による情報伝達《ディスコース》の定義に対して三方から攻撃をくわえた。三方とは膨大な情報量の一貫性のなさ、無能力、支離滅裂といった三つの特徴をさす。情報伝達《ディスコース》を操るこれらの魔物は次のような事実によって生じてきた。電信は脈絡のない情報という観念を正しい形式として認めたという事実。つまりそれは社会や政治についての意思決定や行動に結びつかず、単に目新しさや興味や好奇心のみに結びつく情報に価値があるという観念のこと。電信機は情報を取引商品に、用法や意味には関係なく売買される日用品へと仕立て上げたのである。

しかし、これは電信機が単独で仕立て上げたのではない。電信機が情報を日用品に変える可能性は、電信機と印刷機の協力ぬきでは実現できなかった。一八三〇年代、電信が現れる少し前、「ペニー・プレス」と呼ばれた安価な新聞がニュースの性質を一貫性のないものに変えようとしていた。

そのような新聞として、挿し絵画家であり印刷業者でもあったベンジャミン・デイが刊行した「ニューヨーク・サン」紙や、編集者であったジェームズ・ベネットが刊行した「ニューヨーク・ヘラルド」紙が刊行された。これらの新聞は理性を重んじた、つまり理性に重きをおいた政治論評や緊急の商取引情報といった昔からのニュースの伝統を変え、世間をあっと言わせる記事、ほとんどが犯罪やセックスを扱った記事で紙面を満たした。

そのような「人の興味をひくニュース」は購読者の判断や行動を促すものではなかったが、購読者がよく知っている場所や人物については地域色の濃いものであり、必ずしも重要な内容ではなかった。人の興味をひこうとする「ペニー・プレス」の読み物はいつでも読めるという特徴があった。

伝達性ではなく時間に制約されないという特徴が、人を魅了した。もちろんすべての新聞がそのような内容だというのではない。多くの場合、「ペニー・プレス」が伝えるような情報は地域色があり十分な実用性があったが、購読者個人に関わる事件や地域に関わる事件などに対処するため、購読者の判断や意思決定に結びついていた。

電信機は驚くべき速度ですべてを変えてしまった。モールスが最初に行なった公開実験が終わってから数ヶ月も経たないうちに、新聞の地域色や時間に制約されない特徴は重要ではなくなり、電信の届く距離や速度がもたらす圧倒感によって意味を失ってしまった。新聞社が初めて電信機を利用したのは、モールスが電信の機能を示した歴史に残る公開実験の翌日だった。「バルティモア・パトリオット」紙はモールスが建設したワシントンとデトロイト間の電信線を使い、オレゴン問題に対して下院がとった行動についての情報を読者に伝えた。その新聞記事はこう結んでいる。「……われわれはワシントンからの情報を午後二時までに読者に伝えることができた。これぞまさしく距離の消滅である」。

しばらくの間、電信線が少ないという現実の問題があったため、情報伝達というニュースの古い定義はそのまま生き残っていた。しかし、国内の新聞人のうち先見の明のある人はすみやかに未来を予測し、大陸中に電信線を張り巡らすことに全資産を投入。「日刊フィラデルフィア・パブリック・レッジャー」紙の所有者ウィリアム・スウェインは、アメリカで初めての商業電信会社マグネティック・テレグラフ・カンパニーに対して巨額の投資を行ない、一八五〇年には同社社長になった。

新聞が提供するニュースの性質や実用性だけに新聞社の未来をかけるのではなく、ニュースを伝えるための経費や距離や速度に対して未来をかけるようになるまで、それほど時間はかからなかった。一八四八年の第一週、「ニューヨーク・ヘラルド」紙のジェームズ・ベネットは、新聞が七万九〇〇〇字にあたる電信の内容を載せられると豪語した。しかしベネットは新聞の読者にとって、このことにどんな意味があるのかを語っていない。

　モールスは一八四四年五月二四日に国内初の電信線を開設したが、その四年後には通信会社アソシエイテッド・プレス社が設立され、発信元も送信先もないニュースが国中を駆けめぐり始めた。戦争、犯罪、衝突事故、火事、洪水、そのほとんどがアデレイド王女の百日咳と同じように、社会や政治に関連しないニュースだったが、これが「今日のニュース」と呼ばれるニュースの内容となった。

　ソローが示したように、電信は適切なニュースを不適切なニュースに変えた。情報の膨大な流れは、情報を伝える人々にわずかな影響しか与えなかったか、あるいはまったく影響を与えなかった。つまり、人々の生活が織り込まれた社会状況や知的状況には何の影響も与えなかった。英国の詩人コールリッジが詩に謳った、どこにでもある飲む人のいない水についての詩は、脈絡を失った情報環境についての一つの喩え《メタファー》と考えられる。

　情報の大海があっても、有用な情報はわずかしかない。メインにいる人とテキサスにいる人は話し合えるが、お互いについて何も知らず、お互いに心配しあうこともない。電信は国を「一つの地域」にしたが、それは互いに表面だけの事実しか知らない多くの他人が住んでいる奇妙な地域であった。そうした地域をときに「グローバル・ビレッジ（広大な村落）」と呼び、現在の人間はそのような場所に生きている。読者は次のように自問してみて、脈絡を失った情報という意味を理解してほしい。

朝のテレビやラジオで聞いた情報、あるいは朝刊で知った情報によって、一日のスケジュールを変更しただろうか？　予定していなかった行動をとるようになっただろうか？　解決しようとしていた問題に何らかの洞察を与えてくれただろうか？　そういう予定変更は何度あっただろうか？　天気予報は場合によってそのような影響を与えるだろう。株式市場のニュースは投資家に影響を与えるだろう。読者の住んでいる近くで思いもよらない犯罪が起こったとか、知っている人が犯罪に巻き込まれたといった偶然のニュースは、そのような影響を与えるだろう。

だが日々のニュースは不活性であり、情報の要素は話題にはなるものの、意義ある行動をとらせるにはいたらない。こうした事実は電信機が中心になって受け継がれてきた。電信機は膨大で一貫性のない情報を生じさせながら、いわゆる「情報と行動の比率」を大きく変えてしまう。

口述文化と活版印刷文化では、情報の重要性は話者が自ら語るかどうかの可能性にある。どんなコミュニケーションの環境にあっても、情報として伝えられた入力は、情報に従った行動である出力をつねに上まわっている。しかし電信によって生じ、その後の技術によって悪化した状況は、情報と行動の関係を抽象化し縁の遠いものにした。人類の歴史が始まって以来、人間は情報の洪水という問題に直面し、同時に情報が社会のためや政治のために役立たなくなっていくという問題に直面した。

読者は次のように自問して、この問題の意味を理解してほしい。たとえば中近東での紛争をなくしていくためには、どんな段階をふんでいくか？　物価上昇率や、犯罪発生率や、失業率については？　自然環境を保護するためや核戦争の危機をなくしていくためには、どんな計画をたてるか？

NATOやOPECやCIAについて、アメリカの大学によるアファーマティブ・アクション[*2]について、またイランのバハーイー教（一九世紀イランで、宗祖の弟子が具体化した一神教）に対する残忍な抑圧について、どんな対策をたてるか？　勝手ながら読者に答えをお教えしたいと思う。答えは、読者はこういうことについては何もできない、である。もちろん、選挙を通じて何らかの計画をたてている人や、行動力を備えている人には投票できるかもしれない。

だが、たかだか二年に一度、四年に一度の選挙に出かけて、一時間ぐらいの時間を使ったところで、読者が身に備えている幅広い意見を述べることにはならない。投票とは、言ってみれば、政治に対して無力でしかない最後の手段に近いものだ。最後の手段とは世論調査員に自分の意見を述べること。世論調査員は感情を交えない質問をして読者の意見らしいものを得て、同じような意見の奔流のなかに沈めてしまい、別種のニュースのカケラに変えてしまう。わたしたちはこうして無力の悪循環に陥ってしまう。ニュースというものは、読者がニュースの情報源として翻弄されてしまうようなことから、読者のさまざまな意見を引き出すが、読者はこれに対して受け身一方になる。

電信時代になる前は情報と意思伝達のための行動の比率は等しく、人は生活の中に生じてくる不測の事態を制御できるという自信を持っていた。人間が知っていることには行動する価値があった。電信が創り出した情報の世界で、こうした潜在力に対する感性を失いがちなのは、全世界がニュースのための環境になってしまったからだ。すべての物事がすべての人に関わってくる。こうして人類史上初めて、わたしたちが質問しても答えてくれない情報、そしてどんな情報であれ、答える権利が認められていない情報を送りつけられる時代になってしまったのである。

そのような時代に、電信機が公共向けの情報伝達《パブリック・ディスコース》に対して貢献したのは、一貫性のないものに価値を与え、無能力なものを増幅したこと。それだけではなく、電信は公共向けの情報伝達《パブリック・ディスコース》を本質的に支離滅裂にした。ルイス・マンフォード（第一章参照）の言葉を借りれば、電信は時間が散乱し注意力が欠如した世界を生みだしたのだ。

電信機の威力は情報を収集したり説明したり分析する能力ではなく、情報を移動させる機能にある。この点、電信には活版印刷とまったく正反対の性質がある。例えば本は、情報や考えを蓄積したり、静かに吟味したり、情報や観念を整然と分析するための優れた媒体だ。本を書いたり本を読んだりするのは時間がかかる。

内容について議論し、表現の形式も含めた価値について判断する時間が必要だ。本は思考を永遠のものとし、すでに亡くなった著者との実りある会話を成立させてくれる。したがって、世界の教養ある人は本を燃やすことが、反知性を意味する恥ずべき行為だと考えている。**だが電信機はわたしたちに本の内容など無用だと命令する。**

永遠性、連続性、一貫性によって電信を考えてみると、電信の価値は薄れていく。電信機は電文を明滅させるだけで、それぞれの電文はすぐに新しい電文に置き換わる。評価することを認めたり要求したりする暇を与えないような速度によって、事実を次から次へと意識の中へ流し込み、意識から事実を消し去っていける。

電信機は社会に向けた会話をもたらしたが、その会話の形式は驚くべき特徴を持っていた。電信機が使う言語は「見出し」であり、見出しは人を扇動し、断片しか伝えず、人格をもたない。ニュースはスローガンの形式をとり、興奮を与えるだけで、受信すると忘れられた。また電信の言語はまったく脈絡がなかった。

あるメッセージは前後のメッセージと何のつながりもない。それぞれの「見出し」は脈絡と同じように孤立しているだけ。ニュースの受信者はそれを自分で意味づけしなければならなかった。一方の送信者は意味づけする必要もなかった。こうした事情により、電信が記述する世界は扱い難く理解し難かった。

一行が次の行につながり、続けて読めるが、内容に脈絡がない途切れることのない印刷されたページは、知識がどのようにして得られ世界をいかに理解するかを示す、一つの喩え《メタファー》として の共鳴力を徐々に失い始めた。事実を「知ること」は新たな意味を示したが、もはや言外の意味、背景、前後の脈絡が読み取れなくなっていた。

電信による情報伝達《ディスコース》は、歴史を見通すための時間も与えず、情報の質を大切にするものではなくなった。電信機にとっての知性とは膨大な量の物事を知ることであったが、それら一つひとつについて知ることではなかったのである。

こうしてモールスは「神は何を造り給うたか?」と、神妙な質問をした。これに対して、当惑するような答えが返ってくる。見知らぬ隣人と大量の無駄。断片と不連続の世界。もちろん神はこれに対してなすすべもない。さらに、電信機の威力によって、こうした世界が意思と情報を伝える新たな一つの喩え《メタファー》として孤立していたなら、印刷文化が電信機の攻撃に耐え、少なくとも電信機の牙城を確保することもありえた。

これは偶然だが、モールスが情報の示す意味合いについて再考していた、まさにその頃、フランスのルイ・ダゲール（一七八九〜一八五一　銀板写真を発明した写真術の開祖）は自然の示す意味合いについて再考していた。ここでの自然とは現実そのものと言える。一八三八年、ダゲールは投資家を誘うための広報にこう記している。「銀板写真は自然を描くためだけの装置ではない……自然自体を再生する能力を与える」。

もちろん、自然を描くために必要なものと原動力となるものは、自然を理解し制御するために自然を再生することであり、自然を改変することでもある。原始時代の洞窟絵画は実際にはまだ行なわれていない狩猟を視覚によって投影し、自然を思い通りにしたいという願いをかなえる。つまり自然を再生することだが、これは遠い昔からある考え方である。

しかしダゲールはこういう意味で「再生する」と言ったのではない。誰でも写真によって自然を複製《クローン》でき、何回でも好きなだけ好きな場所で複製できると言いたかったのだ。ダゲールは世界で最初の「複製できる《クローニング》」装置を発明し、印刷機が書かれた言葉のために登場したように、写真は視覚体験のために登場したと言いたかったのだ。

実際には銀板写真が自然と同じ複製を作ったわけではない。英国の数学者であり言語学者のウィリアム・ヘンリー・フォックス・タルボットは、ネガフィルムを作る現像工程を発案した。ネガから無数のポジが作られるようになり、大量の焼き付けと写真の出版ができるようになった。

有名な天体学者サー・ジョン・F・W・ハーシェルはこの工程に「写真術」と名付けた。この意味は「光で（photo）字を書く（graphy）」という奇妙な命名だった。おそらく、ハーシェルは写真術という名称が皮肉として理解されるよう望んでいたのだろう。なぜなら写真術と書かれた言葉（どんな形式の言語でも）が同じ情報伝達の環境の中で共存できないことを初めから知っていたからだ。

写真術という名称が付けられて以来、写真術を「言語媒体」の一種と呼ぶ習慣が生まれた。

一つの喩えというものが不鮮明なのは、写真術と言語という二つの会話様式の基本となる差異を不明にしてしまうからだ。そもそも、写真術は特定のものだけを語る言語だ。画像という言葉の使い方は、具体的なものの表現に限られている。

写真は単語や文章とは違い、世界についての観念や概念を示さないが、言語そのものが画像を観念に変える場合は別だ。写真は見えないもの、ありえないもの、内面的なもの、抽象的なものを映すことはない。「人間」という概念ではなく一人の人間を、「樹」という概念ではなく一本の樹を映す。写真は「自然」というものを撮影できないが、「海」を撮影することはできる。

写真は今ここにある特定の場面を撮影できる。ある地形に見られる崖、ある特定の光の状態、ある特定の視点から見たある瞬間の波といったもの。しかし「自然」や「海」といった概念を写真にすることができないように、真実、名誉、愛、虚偽、といった広い意味を持つ抽象観念も、画像として撮影できない。「物事を見せること」と「物事について話すこと」はまったく異なる。ロシアの教育心理学者ガブリエル・サロモンはこう書いている。「画像は見られるべきであり、言葉は理解されるべきである」。

サロモンが言いたいのは、写真は世界を対象として示すが、言語は世界を観念として示すということなのだ。言語とは世界を観念として表現する。ものに名前を付けるという単純な行為も考えることになる。あるものと他のものを比較し、共通する特徴を選び、想像上のカテゴリーをつくる。自然には「人」や「樹」というものはない。森羅万象がそういうカテゴリーや単純化を示してくれるわけではない。森羅万象は絶え間のない変化と無限な多様性だけを見せてくれる。写真はこの無限な多様性の中から特定の現象を記録し公表する。言語はこれらの現象を理解させてくれる。

写真には文章構造がないので、世界について述べる機能がない。空間と時間を断片にして、誰がいたか、何が起こったかを記録する。その記録は確かだが、意見を述べているわけではない。「こうなるべきだった」とか、「こうであるべきだった」とか述べるわけではない。

写真はおもに現実の世界に関わり、現実の世界から導かれる事実や結論に対する議論には関わらない。しかし写真機には認識機能の偏重がないという意味ではない。スーザン・ソンタグ（一九三三〜二〇〇四　米国の女流作家。『反解釈』で審美的感性の優位を説いた）は写真について次のように述べている。写真とは「カメラが記録した世界を受け入れるとき、その世界について私たちが知っていること」を意味する。

ソンタグは続けて述べているが、わたしたちの理解は写真として見える世界をそのまま受け入れないことから始まる。もちろん言語は視野に入ってくるもの、表面に見えるものに取り組み、議論し、問いただすための手段だ。「正」や「誤」という言葉は言語の世界から生じ、他の世界には存在しない。

写真について問いただす質問「これは現実なの？」は、「これは時空から切り取った断片の複製なの？」を意味する。答えが「はい」なら議論の必要はない。きちんと撮影された写真を拒否することに意味がないからだ。写真そのものは議論すべき提案を示さず、詳細で明白な意見を述べられない。写真は反論すべき主張を示さないので、反論できない。

また写真が経験を記録する方法も言語の方法とは異なる。言語は一連の論述として表現されたときのみ意味が生じる。語や文が脈絡から逸れると意味がわからなくなる。読者や聴取者は、過去に発言されたことや未来に発言されることを知らないと、意味がわからなくなる。脈絡から逸れた写真など存在しないのは、写真は脈絡を必要としないからだ。

事実、写真術の目的は脈絡から画像を切り離すことにあり、そうすれば別な見え方になるからだ。ソンタグ氏は写真の画像についてこう述べている。「すべての境界は……なくなる。どんなものでも切り離すことができ、他のどんなものとも関連のないものにできる。なすべきことは対象を異なるフレームに捉えること」。

ソンタグは現実をバラバラにして写真自体の脈絡から一瞬間を切り取り、お互いに論理によるつながりや時間におけるつながりのない事物を並列する、写真の特殊な機能について述べている。

写真術は電信と同じように、世界を特異な事象として再生する。写真の世界に、初め、中間、終わりがないのは、電信の世界に意味を示すものがないのと同じだ。世界はバラバラな原子のようになる。現在があるのみで、語るべき物語の一部にもなりえない。

画像と言葉は機能が異なること、抽象度の異なるレベルで機能すること、異なる反応様式を必要とすること、こういうことに気づいた人はいなかった。絵画の歴史は文字の歴史より三倍ぐらい古く、情報機器の機能として画像が示す重要性は、一九世紀において十分に理解されていた。

一九世紀に起こった新たな事象は、写真その他の図像が急速にかつ膨大な量をもって象徴の世界に侵入してきたことである。ダニエル・ブーアスティン（一九一四〜二〇〇四 米国の歴史学者・弁護士）は先駆けとなった著書『幻影の時代――マスコミが製造する事実』で、このことを「画像革命」と呼んでいる。（広告は「ある事象の複製やシミュレーションを事象そのものよりも現実味を帯びさせる。事象や行動を描いた擬似事象は、広告や宣伝で複製されることを目的としている」と指摘。）

ブーアスティンが言いたいのは、写真、印刷物、ポスター、素描、広告などがアメリカ文化全体に無節操に広がり、機械によって複製された画像という形式が言語に対して荒々しい攻撃を仕掛けたという事実に注意しなければならないということ。わたしは「攻撃」という言葉を故意に使ったが、写真術を先陣とした新しい画像は言語の補佐役として単純に機能しただけでなく、現実の世界を解釈し、理解し、検証するための強力な手段として言語に取って代わろうとしたのである。わたしはブーアスティンが画像革命について暗示していたことをここで明らかに示したいと思う。

画像に焦点があてられると、情報やニュース、ひいては現実そのものの伝統的定義が取り崩される。最初は広告塔、ポスター、宣伝物、そして次に「ライフ」誌や「ルック」誌、ニューヨークの「デイリー・ミラー」紙や「デイリー・ニュース」紙といった雑誌や新聞では、画像が説明を背景に押しやり、まったく消去してしまった例もある。一九世紀末になり、広告主や新聞人は一つの画像が一〇〇〇の言葉にも勝り、売り上げによく貢献することを知った。ここから膨大な数のアメリカ人は読むことではなく、見ることを、物事を信じるための根拠にした。

写真は独特の方法で、どこから発信されたかわからない電信ニュースの洪水に協力して、見知らぬ場所から来た見知らぬ他人についての事実が溢れる海に、読者を溺れさせてしまう脅威となった。写真は聞いたこともない日付に具体化された現実味を与え、見たこともない人の名前に顔を与えるからだ。

写真は少なからず錯覚を与える。写真として表わされた「ニュース」というものと、写真を見る人が知覚を通じて体験したこととが、何か関連しているのではないかという錯覚だ。写真は「今日のニュース」のために明確な脈絡を作り出し、「今日のニュース」は写真のために脈絡を作り出した。

ところが写真と見出しが相棒となって作り出した脈絡の意味は、もちろん完璧な錯覚を与える。わたしが言っていることの正確な意味をつかんでもらうために例をあげよう。見知らぬ人が「イリックス」とは虫のような形をした植物の亜種で、節のある葉があり、「アルドノンジェス島」で二年に一度花を咲かせる、と読者に伝えたとしよう。読者が「そうだけど、それがどうしたの?」と声に出して尋ねたとき、相手がこう答えたと想像してほしい。「お見せしたい写真があるんですが」と答え、「イリックス、アルドノンジェス島」というラベルを貼った写真を手渡す。読者は「あー、そうか」とつぶやき、「これがそうだったんだ」と納得してしまう。

写真は読者に手渡された文章に脈絡を与え、文章は写真に見合った脈絡を与えることが、ここでは一時的に具体化し、一日か二日の間だけ、読者は何かを学んだと思い込む。だが、この出来事が自己充足しており、読者の身についていた過去の知識や未来の計画とは何の関係もなく、その見知らぬ相手との出会いが最初であり最後であったなら、文章と画像が結びついた見せかけだけの脈絡は錯覚であり、その脈絡に添えられた意味が与える印象も錯覚となる。

読者が写真を受け入れるのを断った場合を除き、読者は何も「学んで」いないことになり、イリックスはまるで存在していなかったように、心に浮かんだ場面から消失していく。あとに残るのは、せいぜい些細な興味のカケラであり、略式パーティでのおしゃべりに使えるネタか、クロスワードパズルを解くためのネタで、それ以上のものではない。

これに関連して、次のことを指摘しておくと、読者の役に立つだろう。電信機と写真が生活に役立つ情報としてのニュースを、脈絡を失った事実でしかないニュースに変えてしまった時点のアメリカでは、クロスワードパズルが人気ある遊びの一種になっていた。この偶然の一致は、新しい技術が昔から続いている情報の問題をひっくり返してしまったということを意味している。

それまで人間は生活という現実の状況に対処するための情報を探していたが、現在はむしろ使いようのない情報に見かけだけの活用法を付け足すような状況を作り出さねばならなくなった。クロスワードパズルは擬似状況であり、略式パーティも別の擬似状況、一九三〇年代～四〇年代にラジオで放送されたクイズショーも擬似状況、現代のＴＶのゲームショーも擬似状況だ。

とくに現代での最高の擬似状況は、大当たりしたゲーム「トリヴィアル・パースーツ」[*7]。次のような質問が用意されている。「私はこういう関連性のない事実をどうしたらいいの？」これら脈絡のどれをとっても、回答はいつも同じ。「気晴らしとかエンタメだと思って、ゲームを愉しめばいいじゃない？」ブーアスティンは『ジ・イメージ』で、大規模な画像革命を創り出したことを「擬似事象」と呼んでいる。

ブーアスティンが言いたかったのは、擬似事象とは明らかに報道されたかのように見せかけるもの、言ってみれば記者会見のようなものだ。わたしがここで言いたいのは、電信機と写真が残した最も重要な遺産は**擬似状況**だということ。擬似状況は断片化された不適切な情報を、活用できるかのように見せかけるために作り出された構造だ。

だが擬似状況が与えるものを活用することは、行動ではなく、問題解決でもなく、変化でもない。実際には生活につながらない情報の活用法でしかない。もちろん擬似状況は愉しむためにある。擬似状況は、言ってみれば不適切で、支離滅裂で、無能力な情報によって制圧された文化がたよる、最後の頼みの綱と言える。

もちろん、写真術と電信が一撃のもとに活版印刷文化という壮大な構造物を消し去ったわけではない。すでに述べたように、説明する習慣には長い歴史があり、世紀末にあったアメリカ人の精神を支配してきた。実際には二〇世紀初頭の数十年間にすばらしい言語と文学が数多く生まれた。「アメリカン・マーキュリー」誌や「ニューヨーカー」誌といった雑誌の紙面、ウィリアム・フォークナー、スコット・フィッツジェラルド、ジョン・スタインベック、アーネスト・ヘミングウェイの小説や物語、「ヘラルド・トリビューン」紙や「タイムズ」紙にいた偉大な新聞人の記事、これらの出版物をつうじて読むことができた散文は、躍動感と強烈さとで読者をぞくぞくさせ、耳や目を愉しませた。

この説明の時代はナイチンゲールが最後の歌を歌った時期であり、死の淵に臨んだ歌手が歌う最後の歌に似て、鮮烈で甘美な調べが流れた。説明の時代と呼ばれた時代は、新たな始まりではなく終わりだと伝えられたのであった。死に赴くメロディの背景に新たな調べが響き、写真術と電信が明るいか暗いかの調子をきめた。

写真術と電信の長短調は「言語」ではあったが、関連性を無視し、脈絡なしに作られ、歴史を不適切なものと説明し、何事も説明せず、複雑性や統一性の代わりに見かけだけのものをチラリと見せる。写真術と電信の長短調は、画像とその消失が奏でるデュエットであり、アメリカにおける新たな公共向けの意思・情報伝達《パブリック・ディスコース》のための旋律をうたいあげたのである。

一九世紀後半から二〇世紀初頭、電信機と写真が主導権を握った後に、様々な情報媒体は電気による会話の時代に入り、それぞれの偏重を強めた。一方で、映画などは画像に関わるという特徴によってその偏重を強化した。他方で、ラジオのような情報媒体は理にかなった会話への偏重を強め、新たな認識機能の攻撃に打ちのめされ、結局新しい認識機能に従うだけに終わった。

こうして電気技術の合奏がそろって新しい世界、「いない、いない、ばあ」の世界、あちらと思えばまたこちら、瞬時に表われてはすぐに消えてしまう世界を生じさせた。一貫性がなく意味がなく、何か質問するのでもなく、その世界を見る視聴者を行動させるわけでもない、子どもの遊び「いない、いない、ばあ」のように、まったく自己充足した世界であった。だが、「いない、いない、ばあ」のように、永遠に愉しみ続ける世界でもあった。

もちろん「いない、いない、ばあ」で遊ぶのは問題がない。エンタテイメントを愉しむのも問題はない。だが、かつてある精神科医が述べたように、わたしたちは空中に楼閣を建てているのだ。その楼閣のなかに**住む**となると問題が生じる。一九世紀後半から二〇世紀初頭、電信と写真術を中心にすえたコミュニケーションに関わる情報媒体は、「いない、いない、ばあの世界」を誕生させたが、テレビが出現するまで、わたしたちはその世界に住むことはなかった。

テレビは電信機と写真の最も強力な表現法に、認識機能に重みを与え、画像が瞬時に表われては消えるインタープレイを、[*8]強烈で危険極まりない完成度に仕上げた。テレビは電信と写真を家庭に持ちこむ。

現在、テレビを見る子どもは第二世代にあたり、テレビは最も近づきやすい最初の教師となり、多数の人にとって最も信頼できる話し相手となり友人となった。わかりやすく言えば、テレビは新しい認識機能の指令センターとなった。幼い視聴者でテレビを見るのを禁じられているものはいない。みじめで貧しい生活を送っている人でさえテレビだけは捨てない。テレビの影響を受けないから高尚な教育だと評価される教育は存在しない。

最も重要なことは公共の利益に関わる政治ニュース、教育、宗教、科学、スポーツといったものが、すべてテレビにつながり、公共の利益など実現できなくなったことである。つまり、こうした課題に対する国民のすべての理解力は、テレビが備えている認識機能の偏重によって形づくられている。

テレビは捉えどころのない総指令でもある。例えば、他の情報媒体を利用しようとしても、そのほとんどがテレビによって制御されている。テレビを通じて、電話回線をどう使うか、どの映画を見るか、どの本を読むか、どのレコードを聴き、どの雑誌を読むか、どのラジオ番組を聴くかを知ることができる。テレビは他の情報媒体にはまねのできないような方法で、コミユニケーションの環境を脚色する力をもっている。

些細なことだが、皮肉な意味合いのある次のような例を考えてみよう。ここ数年間、コンピュータが未来を築く技術だと教えられてきた。わたしたちの子どもが「コンピュータによる読み書き」ができないと、学校で落ちこぼれたり、人より遅れたりするとも教えられてきた。コンピュータを持っていないと、会社を経営できない、買い物リストを作れない、小切手帳を整理できないと言われてきた。

このうちいくつかは事実かもしれない。だがコンピュータについての最も重要な事実や、それがわれわれの生活にどう影響してくるかについては、すべてテレビを通じて教えられている。テレビは「超情報媒体」という地位を築いてしまった。つまり世界についての知識や、**そうした知識を手に入れる方法**を指示する装置となったのである。

また、テレビはフランスの思想家ロラン・バルトが使った言葉――「神話」としての地位を築いてしまった。バルトの「神話」という言葉は次のことを意味した。すなわち神話は不確定な世界、意識によって十分に理解できないような、一言でいえば、あるがままの世界を明確に理解する方法であると。神話は目に見えないわたしたちの意識の奥に深く刻み込まれた思考方法だ。これこそ現代のテレビが担っている役割である。わたしたちはもはやテレビ装置に魅了されたり当惑したりしない。

テレビに見られる数々の驚異について語ることもない。テレビ装置を特定の部屋に閉じ込めておくこともない。テレビで見ているものが現実だということを疑わず、テレビが視聴者に与える画像が特殊なカメラ・アングルによって作り出されているのにも気づいていない。テレビがどんな影響を与えるのかという質問さえ意味がなくなってしまった。こういう質問そのものが奇妙に聞こえる人もいて、その人たちにとっては、耳や目があるというのはどんな感じなのかと尋ねられたときのように、奇妙な質問に聞こえるようだ。

二〇年ほど前「テレビは文化を創造するのか、あるいは文化を反映するだけか」という課題が、学者や社会評論家の関心を呼んだことがあった。テレビが徐々に文化になってくると、こうした課題も立ち消えてしまった。こうした事実が示すのは、わたしたちはテレビそのものについて話さなくなり、テレビに何が映っているかについて、つまり内容について話すだけになったということだ。テレビが備えている物質としての特徴や、テレビが象徴として使う記号や、ふつうに視聴している状態などを含めた、テレビ環境は今や当たり前の日常生活として受け入れられるようになった。

テレビはいわゆる社会という環境や、知性溢れる環境にあって、光を放射する背景となり、一世紀前に起こったほとんど目に見えない電子のビッグバンによる残りかすとなった。テレビはあまりにも完璧にアメリカ文化へと統合されたため、わたしたちはテレビ装置の後ろでかすかに聞こえる高い電子音を聞き取れなくなり、銀色に瞬く走査線さえ見えなくなった。テレビが備えている認識機能に気づかないでいる。そして、わたしたちの周りに構築された「いない、いない、ばあの世界」さえ奇妙だと思わなくなった。

電子と画像革命がもたらした驚くべき結果は、テレビが見せる世界を奇怪ではなく自然だと思うようになったこと。奇怪だと思う感覚を失うのはそうした環境に適応した証拠なのだ。どのくらい適応したかは、どのくらい変化したかを計測できる尺度でもある。わたしたちの文化はテレビが提供した認識機能に適応したが、その適応は現在ほぼ完了してしまっている。

テレビによる真実と知識と現実の定義をそっくり受け入れたため、どうでもいいようなものが重要なもののように見え、支離滅裂なものがまったく正しく見えるようになった。そして、仮に幾つかの社会制度はテレビがそっと与えた現代の枠組みに合わないとしたら、無秩序で奇妙に思えるのは社会制度であって、テレビによる現代の枠組みでないと思うのは何故だろう。

わたしが本書の後半でめざす目的は、テレビの認識機能を再び目に見えるものにすること。具体例をあげて次のことを実証していきたい。テレビによって物事を知る方法は、活版印刷によって物事を知る方法と対立し、断固として敵対していること。テレビに依存した会話は、支離滅裂で取るに足らないものを溢れさせたこと。「まじめなテレビ」という言葉は矛盾した表現であること。テレビはたった一つのしつこい音声、すなわちエンタテインメントの音声で語りかけてくること。

さらに、テレビを通じて会話を行なう時代に入り、アメリカ文化の社会制度が入れかわり立ちかわり現れ、テレビ用語を学んでいく、こうしたことを実証したい。言い換えれば、テレビはわたしたちの文化をショー・ビジネスのための広大な劇場に変えてしまった。従って、わたしたちがそのような状況を喜んで受け入れ、愉しいからいいのだと判断するようになることも、まったく可能だ。そのような状況こそ、オールダス・ハクスリーが五〇年前に恐れていた状況だ。

〈訳注〉

1　**いない、いない、ばあ**　スイスの心理学者ジャン・ピアジェ（一八九六〜一九八〇年）は児童心理学の研究を行なった。ピアジェは認知能力が発達しつつある八歳から九歳の子どもに、認知すべき「対象物の永遠性」と呼ばれる能力が備わってくることを報告している。これは対象物が見えなくなっても、存在し続けるとの認知を得る能力。「いない、いない、ばあ」という遊びは、この能力を発達させると考えられている。本章ではテレビが人間の思考力を断片化する認識機能をさしているが、「対象物の永遠性」とは全く正反対の機能と考えられる。

2 **アファーマティブ・アクション**　日本語では「積極的差別是正措置」と呼ばれている。差別を受けてきた少数民族や女性を積極的に雇用し、高等教育の機会を与えること。アメリカ、インド、マレーシア、南アフリカで採用されているが、実施については肯定派と否定派に分かれる。例えば、アメリカの大学入試では人種別に合格基準が設定されており、アジア系の人は他人種以上の成績が必要となる。つまりアジア系の人は人一倍の努力を強いられることになる。

3 **トリヴィアル・パースーツ**　盤上で行なうゲームで、一般知識や文化的流行についての質問に答えて優劣を競う。一九七九年、「カナディアン・プレス」紙のスポーツ編集者スコット・アボットと、「ガゼット」紙の写真編集者クリス・ヘイニーが創作したゲーム。一九八四年には、二〇〇〇万セットもの売り上げを記録した。

4 **インタープレイ**　ジャズに見られる演奏法。二人の演奏者が同時に主旋律を演奏したり、主旋律をやや逸れながら即興演奏を同時に展開すること。

第二部

第六章　ショー・ビジネスの時代

　わたしの知っている向学心のある大学院生が、重要な試験の前夜に狭いアパートへ帰宅してみると、たった一つしかない電灯が切れていたのに気がついた。ちょっとパニックになったあと、テレビをつけて音を消し、背中をテレビに向け、受験に必要な箇所を読めるだけの光をテレビから受けて、落ち着きと満足な状態を取り戻した。これは印刷物を読むためにテレビを光源として使う、テレビの利用法の一つ。

　テレビ画面は光源として利用できるだけではない。滑らかでほぼ平面をなす画面上に文字を表示できる。ホテルに宿泊すると、指定されたチャンネルを通じ、その日にあった出来事が文字になって延々と画面を横切っていくのが見られる。これもニュース速報を見るためのテレビの利用法の一つ。

　テレビ装置には大きいものがあり、小さな本棚の重さぐらいなら十分に耐えられる。古いR

CA社コンソール型テレビ装置の上には、三〇冊の本を楽に載せることができた。わたしはウェスティングハウス・エレクトリック社製二一インチのテレビ装置の上に、ディケンズ、フローベル、ツルゲーネフなどの全蔵書をしっかり載せている女性を知っている。

　こうしたテレビの気まぐれな利用法を示したのは、テレビが文字文化を支えるものだと、一部の人が抱いている期待を笑い飛ばしたいからだ。マーシャル・マクルーハンはそのような期待を「バックミラー」思考とよんだ。新たに登場した情報媒体は、新聞、雑誌、ラジオなどの古い情報媒体を単に拡張したものか拡大したものにすぎないという仮説を示す。

　例えば車は単なる速い馬に過ぎないとか、電灯は強力なろうそくにすぎないといった考え方。身近にあるものについてこのような思い違いをしていると、テレビが公共向けの意思・情報伝達《パブリック・ディスコース》の重要性をどのように変えてしまったかということについて、まったく誤った解釈をしてしまう。テレビは文字文化を拡張したり拡大するものではない。テレビは文字文化を攻撃する。テレビが以前あった情報媒体を継承しているのであれば、一五世紀の印刷機ではなく、一九世紀半ばの電信機や写真の伝統を受け継いでいるのだ。

　テレビとは何か？　テレビが受け入れる会話とはどんなものか？　テレビはどんな知的風潮を育むのか？　テレビはどんな文化を創り出すのか？

本書の後半でこうした疑問に答えてみよう。混乱を招かないために、技術と情報媒体とを区別することから始めたい。技術と情報媒体との関係は、脳と心との関係に等しい。技術は脳と同じような物理装置だ。情報媒体は心と同じように物理装置を使用する。技術が特定の象徴記号を使うとき、技術が特定の社会背景のなかに自らを位置づけるとき、あるいは技術が経済状況や政治状況のなかにいつの間にか忍び込むとき、技術は情報媒体となる。言い換えれば、技術は単なる機械だ。情報媒体は機械が作り上げた社会環境であり知的環境でもある。

すべての技術には脳のように固有の偏重がある。技術は物理的形体のなかに、特定の方法でなら使えるが他の方法では使えないという偏重を備えている。技術史について何も知らない人だけが、技術には偏重がなく完全に中立であると信じているようだ。こういう単純素朴な思い込みを笑い飛ばす古いジョークを、お教えしよう。トーマス・エジソンは、電灯を点けたいときに、電灯を口へ近づけ「ハロー、ハロー」と話しかけたいと思っていたそうで、その後まもなく電灯の発明を公表したという。

もちろん、そんなことはありえない。技術はそれぞれ独自の実行すべき課題を担っている。前に述べたように、これも説明が必要な一つの喩え《メタファー》だ。例えば印刷機は、言葉の情報媒体だけに使われるという明らかな偏重をもっている。だが印刷機が絵を複製するだけに使うことも考

えられる。仮に一六世紀のローマカトリック教会が印刷機による絵の複製に反対しなかったと考えてみよう。

その場合、マルティン・ルターは家庭の食卓のそばに貼られている神の言葉を相手に争うことになり、キリスト教徒は教皇にその言葉の解釈を求めることもなく、宗教改革は起こらなかったとも考えられる。しかし実際には、印刷機が聖像の複製だけに使われたことは一度もない。一五世紀に使用され始めたときから、印刷機は手書きの文字を再生し、大量に配布する驚くべき手段と考えられた。印刷技術のすべての可能性はそのように一方向へ偏っていた。言語を印刷するのに発明された技術とも言えた。

テレビ技術にもそうした偏重がある。テレビを電灯として、文書の表示装置として、あるいは本を載せる本棚として使うことも考えられる。しかしテレビはそのようには使われず、少なくともアメリカではこれからも使われないだろう。「テレビとは何か？」という質問に答える前に、まず技術としてのテレビではなく、情報媒体としてのテレビについて理解しなければならない。アメリカのテレビ技術と同じ技術を使っているのに、アメリカのテレビとは異なる情報媒体として広まっている地域が世界には多数ある。それは次のような地域を指している。

多数の人々がテレビを持たず、たった一台のテレビを共有しているような地域。テレビ局がたった一局しかない地域。テレビが四六時中放送されていない地域。ほとんどのテレビ番組が政府の考え方や政策を推進させるという目的のために存在する地域。コマーシャルというものがなく「トーキング・ヘッズ」（ニュースキャスターが上半身映像で口をパクパクさせる様子）がつねに映っている地域。テレビがもっぱらラジオのように使われている地域。こうした理由とその他の理由から、このような地域にあるテレビはアメリカと同じような意味や威力を示せなくなる。つまり技術がこのように使われると、技術の可能性が広がらなくなり、社会における機能が最小限になっていく。

だがアメリカはこうした状況ではない。テレビは自由民主主義と比較的自由な市場経済のなかに温床を見つけたが、その温床のなかで映像技術としてのすべての可能性が活用される。こうした状況によって、アメリカのテレビ番組は世界中でもてはやされるようになった。アメリカで作られたテレビ番組の輸出は、合計で約一〇万時間から二〇万時間にのぼり、これらは等しく分けられ、南米、アジア、ヨーロッパへ輸出された[*1]。

ここ数年の間に、「ガンスモーク」、「ボナンザ」、「スパイ大作戦」、「スタートレック」、「刑事コジャック」、さらに最近の「ダラス」、「ダイナスティ」といった番組は、ネブラスカ州オマハでの人気と同じように、英国、日本、イスラエル、ノルウェイでも人気を得た。

自分で確かめたわけではないが、数年前に欧州最北にあるラップランドの人々が、年一回の重要な移住の旅を数日間延期したと聞いたことがある。延期の理由はテレビ番組「ダラス」の主人公J・Rを撃った犯人を番組最終回で確認するためだったそうである。このような出来事が起こったのは、世界におけるアメリカの倫理観が退廃した時期や、アメリカの政治威信が低下した時期と同じだった。アメリカのテレビ番組に対する需要が多いのは、アメリカという国が愛されているからではなく、アメリカのテレビ番組が愛されているからにすぎない。

その理由を考えるのに長い時間はいらない。アメリカのテレビ番組を見ていると、英国の作家ジョージ・バーナード・ショーがニューヨークへ行き、夜間のブロードウェイと四二丁目の輝くばかりのネオンサインを初めて見たときにもらした感想を思い出す。彼は「ネオンサインが読めなければさぞ美しく見えたのに」と言った。

アメリカのテレビは毎日膨大な量の映像を流しており、これはこれで美しい見世物であるし、視覚を愉しませてくれる。テレビ放送網がワンカットの撮影に使う平均時間はたった三・五秒なので、わたしたちの目は休む暇もなく、絶えず新しい映像を見ている。

さらに、テレビは視聴者に多彩なテーマの番組を提供し、内容を理解するのに大した努力もいらないので、その目的は欲求不満を解消することにある。コマーシャルをいらだたしいと感じる人もいるが、コマーシャルは精巧な制作技術によって作られており、目を愉しませてくれ、奮い立つような音楽を使っている。現代のテレビで見られる最良の映像は、コマーシャルで見ることができる。言い換えれば、アメリカのテレビは視聴者にエンタテイメントを提供するために全力投球しているのである。

テレビ番組がエンタテイメントだというのは実につまらない発言である。そのような事実は文化を脅かすものではないし、本を書くほどのテーマでもない。テレビを愉しむための言い訳にすぎないのだろう。言い方を変えるなら、人生は花がまき散らされた高速道路ではない。ところどころで見受けられる木々の花は、人生の旅をほんのわずかだけ耐えられるものにしてくれる。先ほどのラップランド人は間違いなくそう考えたのだろう。毎晩テレビを見ている九〇〇〇万人のアメリカ人もそう考えているはず。

だが、ここで言いたいのはテレビが愉しいエンタテイメントだということではなく、テレビはエンタテイメント、人間の経験を表現するための親しみやすい形態にしたということである。テレビ装置は絶えず世界を見せてくれるが、つねに変わらない笑みを浮かべた出演者の表情もついでに見せてくれる。問題はテレビが愉しい番組を提供してくれることではなく、あらゆる番組が愉しいものとして提供されることにあり、これはまったく別の問題なのだ。

もう少し別の言い方をしてみよう。エンタテイメントは、テレビで見られるすべての情報《ディスコース》を支配する超観念だ。どのように表現されようと、あるいはどのような観点から見ても、何よりも重要なのはテレビには愉しみと喜びがあると思い込ませること。これこそ毎日放送されるニュース番組でさえ、何故悲劇や暴力の断片を放送するのかという理由であり、ニュースキャスターが番組を終了してから「では明日またお会いしましょう」と視聴者をせきたてる理由でもある。

何のためにそう言うのだろう？　数分間の殺人事件や傷害事件があれば、一ヶ月ほど眠らずに夜を過ごすのに十分だと言いたいのか。ニュースキャスターの誘いに乗せられるのは、「ニュース」はまじめに受け取るのではなく、愉しめばいいと言われているからだ。ニュース番組が伝えているのは、ニュースキャスターの容貌と愛想の良さ、愉しいおふざけ、番組の初めと終りに流れるワクワクするような音楽、鮮烈な映像、魅了されるコマーシャルである。

これらすべてが、番組を見ていれば嘆き悲しむ理由などないと教えている。わかりやすく言うと、ニュース番組はエンタテイメントのための形態であり、教育や回想や感情浄化のための形態ではない。またテレビ番組に枠組みを与えた人を厳しく批判すべきではないのである。彼らはニュースを読んでもらうために取材しているのではなく、聴いてもらうために放送しているのでもない。ニュースを見てもらうために放送しているのだ。

彼らは情報媒体の命令に従っていく。陰謀が巡らされていたり知性がなかったりということではなく、次のような単純な認識があるだけだ。「良いテレビ」というものは、解説やその他の言葉によるコミュニケーション形態が「良い」のではなく、写真のような映像がどう見えるかということに関わるのである。

この点を明らかにするために、話題になった映画「ザ・デイ・アフター」（偶発的な核戦争でソ連のミサイルが米国に落ちる）の公開後、一九八三年一一月二日にABC放送網を通じて放送された八〇分間の公開討論番組を例にあげてみたい。テレビ放送されたときの記憶はほとんど薄れてしまったが、この番組を選んだのはテレビ局が最も「まじめ」で、最も「信頼のおける」姿勢を見せようとしたからだ。

番組が掲げた制作方針は、テレビがエンタテイメント様式ではなく視聴者を啓蒙する段階へ移るための、テレビ本来の機能を試すことをめざしていた。第一に、テーマは核爆弾による破壊であること。第二に、大きな影響力のある二、三の政治組織、ジェリー・ファーウェル師（一九三三〜九一　テレビで人気があった米国のキリスト教福音伝道者）の「モラル・マジョリティ」などによって映画そのものが非難されたこと。

ABC放送網が情報や一貫性ある情報伝達《ディスコース》に関わる媒体として、テレビの価値やまじめな意図を表明したのは重要なことであった。第三に、番組の背景には一切音楽が使われなかったこと。これは重要なことで、ほとんどのテレビ番組が音楽漬けになっているのは、そうすることにより次にどのような感情が喚起されるかを視聴者に伝えられるからだ。これは演劇効果であり、テレビ番組に音楽が使われないと不気味な感じがする。

第四に、討論が行なわれる間、コマーシャルが流されなかったため、暗殺された大統領の葬儀のように厳かな雰囲気になった。第五に、ヘンリー・キッシンジャー（一九二三〜　ドイツ出身の米国の政治学者）、ロバート・マクナマラ（一九一六〜　米国の企業経営者・政治家）、エリ・ウィーゼル（一九二八〜　ルーマニア出身の作家。ナチの大虐殺の生存者）といった、いずれもまじめな会話を行なえる象徴のような人たちが参加したから。

キッシンジャーはその後どういうわけか、大当たりしたメロドラマ「ダイナスティ」に出演したが、その頃も現在も知的な冷静さを備えている。ウィーゼルは間違いなく社会の良心という象徴《メタファー》となった人だ。他の出演者、カール・セーガン（一九三四〜九六　米国の天文学者）、ウィリアム・バックレイ（一九二五〜二〇〇八　米国の作家・テレビ解説者）、ブレント・スコウクロフト将軍（一九二五〜　米国の国防・軍事面での専門家）も、それぞれの道で知的活動のできる人たちであり、取るに足らない些細な公のイベントに出演するような人ではなかった。

番組は、通称セレモニーの王様テッド・コッペル（ドイツ出身のジャーナリスト・テレビのアンカーマン）のあいさつで始まり、これから始まる番組は討論ではなく話し合いであると告げた。意思や情報の伝達《ディスコース》の哲学に関心のある者にとって、まじめなテレビ番組が「話し合い」という言葉によって何を伝えようとしたかを知るための好機だと思われたのだ。その言葉の意味は以下のようなものだった。

出演者の六人はこの主題について発言するために、それぞれ五分間を与えられた。しかし、何が主題なのかについて正確な同意が得られていず、誰かが発言したことに対して何かを答えなければならないと感じている人はいなかったのだ。事実、答えを返せなかったのは、出演者が次々にマイクを向けられたため、美人コンテストの最終戦に残った候補者のように、与えられた時間をカメラの前で過ごさねばならなかったのである。

こうして最後に発言したウィーゼル氏が、最初に発言したバックレイ氏に答えたとしても、その間に四つの発言がはさまり二〇分間もかかることになるので、ウィーゼル氏自身が何の論議なのかを覚えていられても、観客のほうはウィーゼル氏がどういう議論に答えたのか覚えていられなかった。

実際に、テレビ出演を経験していた出演者はお互いの問題点を指摘しないようにしていたのだ。出演者は初めの数分間を使い、次に続く出演者は自己紹介し、自らを印象づけようとした。例えば、キッシンジャー博士は以前に書いた自分の著書や、提出した議案書や、担当した交渉などについて語り、自分はすでに国務長官ではないこと伝え、視聴者に残念な気持ちを訴えようとしていた。

マクナマラ氏は同日の午後、ドイツで昼食をとったことを聴衆に語り、核兵器を削減するために少なくとも一五件の提案を用意してあると続けた。このテーマについて話し合いが行なわれると思った出演者もいただろうが、他の出演者が興味を抱いたのは、ドイツの昼食会でマクナマラ氏が何を食べたかだったようである。

この後、マクナマラ氏は自ら三件の提案について話し始めたが、出演者同士による話し合いは行なわれなかった。エリ・ウィーゼルは寓話のような話や逆説を使って、人間が作り出した状況の悲しむべき性質を語ったが、自分の主張に脈絡を与える時間がなかったため、理想を求めすぎて混乱しているように見え、異教徒の魔女集会に迷いこんできた巡礼者のような印象を与えたのだった。

つまり、これはふつうに使う意味での話し合いではなかった。話し合いの場面が始まったときでも、論述や、反論や、仮説を細かく調べることもなく、説明、詳述、定義さえも行なわれなかったのだ。わたしの意見では、カール・セーガンが最も一貫性のある論述を行なったが、四分間にわたる核凍結の基本となる理由については、疑問の残る二つの仮説があり、慎重に検証されていなかったのである。

もちろん自分に与えられた数分間を削って、他の出演者のために使おうという人はいなかった。コッペル氏は自分の役割として「ショー番組」を続けねばならないため、ときどき思考の流れをたどろうとしていたが、それぞれの出演者に対して時間を公平に分配するように努めていたのだ。

しかし、このような断片だらけで脈絡のない言葉を使わせた原因は、時間の制約だけとは言えない。テレビ番組が放送されている間、「ちょっと考えさせて」とか、「わかりません」とか、「あなたの話の情報源はどこにあるんですか」などと言うのは、許されていないのだ。そういう会話《ディスコース》や質問はショー番組の進行を遅れさせるだけでなく、不確実な印象や結末のない印象を与えてしまうのである。

考えている演技というのは、ラスベガスの舞台におけるのと同じで、視聴者を混乱させ飽きさせてしまう。考えていることがテレビに向いていないのは、テレビ局のディレクターがかなり昔に発見した事実である。人間が考えている場面は見る価値がないのである。別の言い方をすると、考えることはパフォーミング・アート（肉体表現芸術）ではない。

テレビはパフォーミング・アートを要求するので、ＡＢＣ放送網が視聴者に与えるのはテレビという情報媒体に従って洗練された言葉使いや政治について理解している人間の映像を流すことなのだ。テレビはそういう人間に考え方よりも魅力ある演技を求めるのである。このことはサミュエル・ベケット（一九〇六～八九　アイルランドの作家）の戯曲に見られる表現方法のように、何故番組の八〇分間が愉しいのかという理由の説明になる。厳粛さをほのめかす状況がそのまま続き、その意味合いがすべての理解を拒絶するのだ。もちろん、演技は高度な専門職によって行なわれたのである。セーガンは「コスモス」（C・セーガンの同名の著書のテレビ化番組）に出演したときのようなタートルネックのセーターは着ていなかった。この番組のために髪を短くカットしていたのだ。

セーガンの役どころは地球という惑星のために語る論理にたけた科学者。ポール・ニューマン（一九二五～二〇〇八　米国の映画俳優・企業経営者）がセーガンの役をうまく演じられたかどうか疑問だが、レナード・ニモイ（一九三一～　「スタートレック」で人気の米国の俳優）なら演じられただろう。スコウクロフトは軍人そのもので、話し方は簡潔でよそよそしく、国家安全につくす無敵の防衛者といった感じなのだ。

キッシンジャーはいつもと同じように、世辞にたけた政治家の役割を果たし、湾岸戦争におけるごたごたの責任をとって、少し疲れていたようである。コッペルは仲裁者の役割を完璧にこなし、実際には演技を指導していたにすぎないのに、いつものように考えごとをしているようだった。結局、良いテレビ番組がつねに目指しているように、出演者の演技には拍手喝采がおこる。熟慮ではなく拍手喝采で終わるのである。

テレビは一貫性のある言語や思考が生まれていく過程をまったく伝えられないと言っているのではない。テレビ解説者ウィリアム・バックレイ自身の番組「ファイアリング・ライン」はときたま考えている人を映すが、偶然にカメラに収まったからにすぎない。他の番組、例えば「ミート・ザ・プレス」や「ザ・オープン・マインド」は、知性ある言葉使いや活版印刷の伝統を保とうとしているが、視覚に訴える番組と競合するようには作られていず、そのように作られていたとしても視聴されないだろう。

結局、番組の構成が情報媒体の偏重に適合しないことがあるのだ。一九四〇年代に最も人気のあったラジオ番組は、腹話術者を登場させていたが、当時わたしは「バウズ少佐のアマチュアアワー」[*2]というラジオ番組で、タップ・ダンサーの靴音を何度か聞いたことがある。

わたしの思い違いでなければ、ホスト役のバウズはパントマイムを演じさせたこともあったのだ。しかし腹話術、ダンス、マイムがラジオ番組に向かないのは、複雑な話し合いがテレビ番組に向かないのと同じことである。大統領がスピーチを行なうときのようにカメラを一台だけ使い、映像を安定させておけば十分に見られるものとなる。

だがこの討論番組は最良のテレビ番組ではなく、ほとんどの視聴者が選択して見ようとするテレビ番組ではない。テレビにとってただ一つ重要なことは、視聴者が番組を見るということであり、これこそ「テレビジョン＝遠距離通信映像」と呼ばれる理由となるのである。そして視聴者が見ている、あるいは見たいと思うのは動く映像のはずだ。

　無数の動く映像、短い放送時間でダイナミックな多様性のある動く映像。視覚にうったえる刺激を高めるために、思考に関わる内容を抑えなければならないという情報媒体の性質といえる。つまり、ショー・ビジネスの価値観を高めるものといえるのである。

　映画、レコード、そしていまや音楽産業の添え物になってしまったラジオが、聴く者を愉しませてくれることや、アメリカ人の意思伝達《ディスコース》の形を変えたことには、大きな意義がある。だがテレビがこれらの情報媒体と異なっているのは、他のすべての意思伝達《ディスコース》形式を攻撃するために情報媒体の環境を包囲していることだ。政府の政策や科学の先端技術を確かめるために映画を見る人はいない。

　また野球の試合経過や天気予報や殺人事件を確かめるためにレコードを買う人はいない。それから昼メロ番組や大統領の居所を確かめるために、テレビがすぐそばにあるのにラジオをつける人もいない。しかしアメリカ人はこうしたすべてのことをしたいがためにテレビを見るのである。これはテレビが文化のなかで強く共鳴する理由でもある。テレビは文化そのものを知るための重要な様式となっているのだ。

従って、これは重要な点だが、テレビが世界をどのように演出するかによって、世界がどのように演出されるかが決まるわけだ。エンタテイメントがすべての情報伝達《ディスコース》の隠喩《メタファー》となっているのは、テレビ受像機だけを通じてではない。たとえ画面が消えていても同じ比喩《メタファー》が生きている。活版印刷はかつて政治、宗教、ビジネス、教育、法律、その他の重要な公共事業を管理する様式であったが、いまやテレビが管理を行なっている。

法廷で、教室で、手術室で、会議室で、教会で、さらに飛行機内でも、アメリカ人はお互いに話し合うことはなく、自分だけで愉しんでいる。そして、考えを交換することはなく、画像を交換する。提案をもって議論することなく、上品な表情や名声やコマーシャルによって議論する。テレビが一つの喩え《メタファー》として発信するメッセージは、全世界が舞台であることと、その舞台がネバダ州ラスベガスにあることだ。

例えばシカゴでは、ローマ・カトリックの司教グレッグ・セコウィッツ師が説教を行なう際にロック・ミュージックを使っていた。AP通信によると、セコウィッツ師はシカゴ郊外のシヨウンバーグにある、ホリー・スピリット教会の補助司祭であり、WKQX局のディスクジョッキーでもある。

「精神への旅」という番組で、セコウィッツ師は家族関係や社会参加といった話題についてやさしい声でおしゃべりして、ビルボード・トップ一〇にランクされた曲をバックに訓戒を説いている。セコウィッツ師は自分の説教が「教会風」ではなく「退屈することなく神聖な気分になれる」と述べているのである。

一方、ニューヨーク市の聖パトリック教会では、ジョン・オコーナー牧師がニューヨーク・ヤンキースの野球帽をかぶり、ニューヨーク管区を受け持つ大司教になる就任式に臨んだ。オコーナー牧師はシャレたギャグをいくつか紹介したが、その一つは式に参列していたエドワード・コッホ市長に向けたものだった。これに続く公式な演出は大司教がニューヨーク・メッツの野球帽をかぶるというものである。

もちろんこれらの出来事はテレビで報道され大いにウケたが、その理由はオコーナー大司教（現在は枢機卿）がセコウィッツ師よりも一枚上手だったため。つまりセコウィッツ師は退屈することなく神聖な気分になれると信じているのに対して、オコーナー大司教は神聖な気分にならなくてもいいと信じているからだ。

アリゾナ州フェニックスでは、エドワード・ディートリック医師がバーナード・シュラー氏に、三回にわたる肺のバイパス手術を行なった。手術は成功し、シュラー氏は幸せをつかんだ。この出来事はテレビで放送され、アメリカに幸せをもたらした。手術の模様は少なくとも合州国の五〇局以上のテレビ局と、イギリスのＢＢＣを通じて放送されたのである。番組の案内役となった二人組のナレーター（実況放送アナ《プレイ・バイ・プレイ》、あるいは彩色工《カラー・マン》*3と呼ばれている）が、二人は視聴者が見ている出来事を伝え続けた。何故この番組が放送されたかは明らかにされていないが、ディートリック医師と、シュラー氏の肺は有名になった。おそらくシュラー氏はテレビ番組に多くの医師が出演しているのを見てきたため、手術の結果には自信をもっていたのだろう。シュラー氏は「どう考えても、実況番組でわたしを死なすわけはないと思っていました」と語っていたのである。

一九八四年、ＷＣＶＳとＷＮＢＣの両テレビ局は、フィラデルフィア公立学校が行なったある実験を熱狂的に報道したのだが、実験とは生徒が授業内容をすべて歌詞にして歌うというもの。ウォークマンをつけた生徒がロック・ミュージックを聴きながら、八つの部分に分かれた歌詞を歌うところが放送されたのだ。この企画を考えたジョッコ・ヘンダーソン氏は生徒をさらに喜ばせるために、数学や歴史や英語の授業もロック・ミュージックの形式に合わせて行なう計画を立てているのである。

実際には、この考えはヘンダーソン氏のものではなく、制作会社チルドレンズ・テレビジョン・ワークショップが開発した。この会社が制作したテレビ番組「セサミ・ストリート」は、教育とエンタテイメントは同じだという考え方を高い制作費をかけて実証した。それでもヘンダーソン氏はこの点がお気に召している。「セサミ・ストリート」は軽いエンタテイメント形式を読み取る学習という単純な試みであったが、フィラデルフィアでの実験は教室そのものをロック・コンサートにする試みであった。

マサチューセッツ州ニュー・ベッドフォードでは、女性暴行事件の裁判がテレビで報道され、裁判中継とお気に入りのメロドラマとの区別がつかない視聴者を愉しませた。フロリダでは殺人事件も含めた事件をとりあげる真剣な裁判が定期的に放送され、作り物である法廷ドラマより愉しい番組として視聴されている。これらはすべて「社会教育」のための放送番組。

同じような目的のために、信者が自分の罪を聖職者に打ち明ける告解を放送しようという企画が進行しているという噂もある。番組は「告解聴聞席の秘密」というタイトルがつけられるようだが、もちろん告解の内容は子どもに害を及ぼすこともあるため、視聴するには親の同伴を勧めるR指定になるということだ。

シカゴからバンクーバーまで運航しているユナイテッド・エアラインを利用すると、スチュワーデスが搭乗客にゲームをやりましょうと呼びかける。この趣向はクレジット・カードの最多保持者にシャンパンが贈られるというものだ。ボストンから搭乗した男性は一二枚のカードをもっていて、賞品のシャンパンを受け取った。次のゲームは操縦席にいる搭乗員の合計年齢を当てるというもので、シカゴから搭乗した男性が一二八歳と推測し、賞品を受け取ったのである。

二番目のゲームを愉しんでいる間に、気流が荒れ模様となり、シート・ベルト着用のサインが出された。これに気づいたのはごくわずかな人で、搭乗員も全員気づかずに機内通信を使ってギャグを連発していたのである。飛行機が目的地に着陸すると、搭乗客全員がシカゴからバンクーバーへの空の旅は快適だと満足しているようだったという。

一九八五年二月七日、「ニューヨーク・タイムズ」紙は教育援助促進委員会がラトガース大学ニューアーク・キャンパスのチャールス・パイン教授を「プロフェッサー・オブ・ザ・イヤー」に選んだことを報道した。パイン教授はどのように学生たちに影響を与えたかについて、次のように語った。

「わたしはいつもちょっとした手を使うんです。黒板に文字を書いていて、黒板の端まできたら、止めずに壁のほうにまで書き続ける。いつもウケてます。ガラスの分子がどういう動きをするのか説明するのに、壁にとりついてから壁を離れ、別の壁のほうへ走っていくという感じでね」。

学生たちは若すぎて、映画「ヤンキー・ドゥードゥル・ダンディ」（一九四二年）に出演したジェームズ・キャグニーが、映画の中でこの「分子の動き」をうまく使っていたのを知らないはずだ。わたしの記憶に間違いなければ、舞踏家であり歌手でもあるドナルド・オコナーは映画「雨に唄えば」のなかで同じ演技をしていた。わたしの知るかぎり、この動きはずいぶん前に教室で一度使われたことを覚えている。ヘーゲルが弁証法の機能を説明するのに、何度もこれと同じ演技をしていた。

ペンシルバニアに住むアーミッシュ（電気、自動車に依存しない質素な生活を営む）の人々はアメリカ流の文化生活から離れて生きている。アーミッシュは厳しい宗教の戒律によって行動を制限していて、偶像を崇拝することを禁じているが、これは映画を見ることや写真に撮られることを禁じているという意味である。しかし、戒律は自分たちが撮影された映画を見ることまで禁じていなかった。

一九八四年、パラマウント・ピクチャーの撮影隊が映画「刑事ジョン・ブック　目撃者」の撮影のため、ランカスター郡を訪れた。映画はハリソン・フォード演じる刑事が、アーミッシュの女性と恋に落ちるという物語だった。

アーミッシュの教会は映画の制作関係者と関わらないよう注意したが、溶接工のグループは仕事が終わると撮影現場を見に行った。溶接工とは別に、信心深い人たちも現場から離れた草地に横になり、双眼鏡で現場を眺めていたのである。「映画については新聞で知っていました」とアーミッシュの女性は語っている。「子どもたちがハリソン・フォードの写真を切り取っていましたからね。でも、子どもにとっては意味がなかったみたいです。フォードが『スターウォーズ』に出演していたと誰かが言っていましたが、そういうことはわたしたちにとって大した意味はないんです」。

アメリカ蹄鉄工連合会の重役が、これと同じような結論を話していたのを思い出す。重役は自動車のことを新聞で読んでいたが、連合会の未来にはあまり影響がないと確信したようだった。

一九八四年の冬、「オフィシャル・ビデオ・ジャーナル」誌に、「ザ・ジェネシス・プロジェクト」という一ページ広告が掲載された。このプロジェクトは聖書を一連の映画シリーズにしてみようという計画だった。一般に公開される映画は「ニュー・メディア・バイブル」と呼ばれ、二二五時間の上映時間で制作費は二五億ドル。「サタデイ・ナイト・フィーバー」や「グリース」で売り出したプロデューサーのジョン・ヘイマンは、このプロジェクトの制作者として積極的に関わっていた。

ヘイマンの発言を引用すると、「単純な理由だが、聖書が気に入っているから」。この作品では「屋根の上のバイオリン弾き」のテビア役を演じた有名なイスラエルの男優トポルが、アブラハムを演じる予定だった。広告は誰が神の役を演じるのか説明していなかったが、プロデューサーの経歴から推測すると、ジョン・トラボルタが候補にあがっていたようだ。

一九八三年に開かれたエール大学の学位授与式で、いくつか名誉ある学位が授与される予定だったが、その一つがマザー・テレサ（スペイン出身のカトリックの修道女。インドでの困窮者救済活動でノーベル賞受賞）に手渡された。マザー・テレサや他の人道主義者や学者がかわるがわる学位を受け取る。観客は適度に喝采を送ったが、慎みとじれったさが入り混じった気持ちだった。観客の気持ちは舞台の袖で照れながら待っていた最後の人物に対するものであった。その女性の功績が詳しく述べられると、多数の人々が席を立ち、偉大な女性が立っている舞台へ押し寄せた。

その女性メリル・ストリープの名前が発表されると、観客は大学の町ニューヘブンに眠る死者を呼び覚ますような大きな歓声をあげた。他の大学で喜劇役者ボブ・ホープが名誉ある学位を授与された際に同じ学位を贈られた男性が、ストリープ博士への喝采はホープ博士への喝采よりも大きかったと述べたのである。

観客を喜ばせるコツを心得ている大学の指導者は、翌年の授与式で祝辞を述べてもらうため、トークショーのホストとして人気のあるディック・キャベッツを招いた。その年、ドン・リックルス（米国の俳優・司会者）に文学博士号が授与され、その祝辞をローラ・ファラナ（一九四二〜 ダンサー・女優）が述べるという噂もあった。

一九八四年の大統領選に先だって、テレビで二人の候補者が対決するという番組があり、番組名は「ディベイツ（討論）」とよばれていた。これは一八五八年？に行なわれた共和党のエイブラハム・リンカーンと民主党のステファン・ダグラスが行なった討論や、これをお手本にした学校で行なわれる討論とはまったく異なるものだった。

候補者はそれぞれ五分間で次のような質問に答える、「中米におけるあなたの政策はどのようなものですか？　あるいはどのようなものになりますか？」。対立する候補は一分間でこれに反論するのだ。このような状況では、複雑な議論や、証拠資料による裏づけ、論法は役に立たなくなり、場合によっては文章構成そのものがまったく成り立たなくなるのである。だが、そのようなことはおかまいなしである。

二人は討論することよりテレビが最も得意とする「好印象を与える」ことに関心がある。二人の討論が終わった後に発表された談話は、対立候補者の考え方をまったく評価していないものだった。評価できる人物などいなかったからだ。この討論はボクシングの試合にたとえられ、誰が誰をノックアウトしたかが重要視される。

この質問への答えは候補者の「スタイル」によって決まる。どのような顔つきか、目線が揺れていないか、笑っているか、ギャグを使っているか。レーガン大統領は二回目の討論の際、自分の年齢についての質問に対して、巧みなギャグで答えたことがある。翌日の新聞は、「ロンは冗談を言って、フリッツに勝った」と書いた。このようにして自由な国の指導者はテレビ世代の人々によって選ばれるようになる。

　このことは、アメリカの文化が事業、とりわけ重要な事業を推進するため、新たな方法を使おうとしていることを意味する。意思・情報伝達《ディスコース》の性質が変化しつつあり、何が事業なのかということと、何が事業ではないのかということとの境目が、日に日に見分けにくくなってきているのだ。司祭と大統領、外科医と弁護士、教育者とニュースキャスターは、試練によって自分が成長することよりも、良き芸能人魂を発揮することにうだつをあげているのである。作曲家アービング・バーリン[*4]が作曲した名曲の一語を置き変えたら、バーリンはオールダス・ハクスリーよりも有能な預言者になっただろう。置き換えた一語とは「ショーほど素敵な商売《ビジネス》はない There's No Business But Show Business」であった。

〈訳注〉

1 **「……南米、アジア、ヨーロッパへ輸出された」** 一九八四年七月二〇日付ニューヨーク・タイムズ紙は、中国国立放送網がCBSと契約し、CBS制作の番組を六四時間にわたる放送をすると伝えている。この後、NBCやABCとも契約を交わすことになる。

2 **「バウズ少佐のアマチュア・アワー」** ニューヨークのキャピタル・シアターの支配人であったエドワード・バウズが、一九三〇年代から一九四〇年代にかけて制作したラジオ番組。様々な素人演芸家をスタジオに招いて芸を披露させ、ベルやゴングを使って酷評し、笑いを誘ったところに人気があった。

3 **実況放送アナ《プレイ・バイ・プレイ》あるいは彩色工《カラー・マン》** いずれもスポーツ競技の実況に使われる用語で、試合の経過を追って詳しく報じること。

4 **アービング・バーリン** 一八八八年五月一一日、帝政ロシア時代のベラルーシにユダヤ教徒の家族に生まれる。一八九三年、家族でアメリカのニューヨークに移住したが、同年に父親が死亡したため、新聞売りや靴磨きなどの職を転々とする。マンハッタンにあるチャイナタウンのカフェでウェイター兼専属歌手として勤務。一九一一年「アレキサンダーズ・ラグタイム・バンド」を作詞・作曲し、この曲が大ヒットとなり、ショー・ビジネスの世界に登場。原タイトルは「ショーほど素敵な商売はないThere's No Business Like Show Business」だが、ポストマンは「Like」を「But」に置き換えている。

第七章　「では……次に」

アメリカのユーモア作家H・アレン・スミスは、英語のやっかいな言葉のなかで最もいやなものは「ウーン、そうか」だと言っていた。医師がX線写真を見ながら眉間にしわをよせて「ウーン、そうか」とつぶやくときが最も恐ろしいと。わたしが章題に使った言葉「では……次に」はもっと不気味な感じがすると思うがどうだろうか。眉間にしわをよせるのではなく間のぬけた笑顔で言うとさらに不気味な感じがする。

言うならば、このセリフは現代の言葉使いに新しい話法をもたらした。これは単語と単語を結びつけず、すべてを他のものから分離させてしまう接続詞だ。現代アメリカにおける公共向けの意思・情報伝達《パブリック・ディスコース》の不連続性を示す、即席の一つの喩え《メタファー》として通用している。

「では……次に」というセリフは、テレビやラジオのニュース番組でよく使われ、今までに聞いたことや見たことはこれから聞くことや見ること、あるいはこれから聞いたり見たりする可能性のあることとは関連がないことを意味する。またこのセリフは高速で伝わる電子媒体が描く世界には秩序や意味がなく、まじめに受け取ってはいけないということを知らせる手段でもある。

残忍な殺人も、甚大な被害をもたらす地震も、政治家の手痛い失態も、じれったい野球の得点経過も、変化する天気予報も、ニュースキャスターが「では……次に」と言うと、すべて消え失せてしまう。ニュースキャスターが言いたいのは、視聴者は四五秒間もかけて過去のことを考えてはならない、九〇秒間もかかって過去のことに対して精神病のように心を奪われてはいけない、次には他のニュースの断片か、コマーシャルに注意を向けなければならないということだ。

「では……次に」を使う番組の世界観を生んだのはテレビではない。前に述べたように電信と写真との交渉によって生まれた子孫だ。テレビがその子孫を養育し邪悪な子に育てあげた。テレビは三〇分ごとに別々の出来事を放送し、内容においても、前後関係においても、感情の色合いにおいても、その出来事と前後する出来事とは何の関連もない。

その理由はテレビが一秒や一分といった時間を切り売りしているからであり、言葉より画像を使うからであり、視聴者はテレビ装置から自由に離れたり戻ったりできるからであり、番組がほぼ八分間の断片が一つの出来事になるように構成されているからだ。

視聴者は何らかの思考や感情を、ある時間帯の断片から次の断片へともちこすことはない。「今日のニュース」が放送されているとき、最も大胆だが最も間の悪い形式のなかに情報を伝える様式「では……次に」を見ることができる。何故なら断片化したニュースだけでなく、脈絡もなく、結論もなく、価値もない、ふざけ半分のニュースが伝えられるからだ。言ってみれば、ニュースは純粋なエンタテイメントだ。

考えてみてもらいたいが、あなたに高視聴率をかせぐニュース番組をプロデュースする機会が与えられたらどうするか？　まず「好感がもて」、「信頼できる」顔の出演者を選ぶだろう。応募する人は8×10判《サイズ》の顔写真を送りつけ、あなたはそのなかから毎晩テレビ画面に登場するにはふさわしくない顔つきの人を除かなければならない。

つまり美しくない女性、五〇歳を越えた女性、禿げた男性、太りすぎたり鼻が長すぎたり両目がくっつきすぎたりしている人を除外する。言い方を変えると、上手に話せて髪型が決まっている人を集める。少なくとも、雑誌の表紙に向く顔の人が必要となる。

クリスティン・クラフトという女性はそういう顔立ちだったので、カンザス・シティにあるMKBCテレビの共同ニュースキャスターに応募した。後にクラフトは自分に対して性差別を行なったとして、局を相手取って裁判を起こすことになるが、彼女の弁護士によるとMKBCテレビの制作者は「美しいクリスティンの容貌」が気に入っていたという。

クラフトは一九八一年一月に雇用され、同年八月に解雇されたと言われているが、調査によるとその理由は彼女の容貌が「視聴者に受け入れられなかった」からだという。「視聴者に受け入れられなかった」とは正確にどういう意味だろう？　またそのことがニュース番組とどう関連しているのだろう？　「視聴者に受け入れられなかった」の意味は、テレビのニュース番組だけでなく、どのようなテレビショーにも通じる。

そういう番組の視聴者は演技者を見ようとしているわけではない。視聴者は演技者を本物だと思っていないから、クラフトは視聴者の信頼を得ていないとも言える。劇場における演技の場合、この言葉の意味はよく理解できる。俳優は自分が演じている人物であると観客を説得しているわけではない。

しかしニュース番組の場合、信頼を得ていないということは何を意味するのか？　共同ニュースキャスターはどんな役柄を演じているのか？　演技者が本物らしくないとどうやって判断するのか？　視聴者は、ニュースキャスターが嘘をついている、報道されていることが事実ではない、何か重要な事実が隠されていると信じているのだろうか？

もしそうなら、報道されているニュースが事実かどうかは、ニュースキャスターを受け入れるかどうかに大きく左右されることになるが、これはとんでもないことだ。古代世界では悪い知らせを伝えにきた者は、追放されるか殺されるという慣習があった。テレビのニュース番組は、そういう慣習を奇妙な形式で受け継いでいるのだろうか？

キャスターの顔のことなどかまっていないのに、ニュースキャスターを追放するだろうか？テレビ局は人の身なりを中傷するのは誤った考えだと警告していたはずだが、視聴者へのこの警告を取り消すのだろうか？

仮に、これらの質問に対する答えが条件付きの「はい」であったとしたら、ここでは認識論を研究する人にとって研究に値する問題が生じている。単純な言い方をすると、真実についての新しい定義、あるいは古代世界にならった定義を示しているのはテレビ局のほうだ。ニュースキャスターの信頼度は報道された事実を吟味する最後のカギになる。

ここで言う「信頼度」はニュースキャスターが事実にそって厳しく吟味して発言してきたかどうかについての、過去の経歴を指すものではない。演技者であり報道者でもある人物から伝わる、親密さ、誠実さ、繊細さ、魅力を指す。お望みなら、これら四つの選択肢から二つ以上選択してもらってもかまわない。

これはきわめて重要なことで、テレビのニュース番組では真実というものがどう考えられているかという問題よりも重要だ。テレビ報道で真実を語るための必須条件として信頼性が真実性に取って代わるとすれば、政治の指導者たちは演技が本物感覚をつくりだしてくれるから、真実性の問題に煩わされずにすむことになる。

例えば現在リチャード・ニクソンが関わっていた不名誉な事件（一九七二年のウォーターゲート事件）は、ニクソンが嘘をついたという事実ではなく、テレビに出演しているニクソンが嘘つきに見えるという事実から生じた結果になる。

これが正しいなら、すべての人にとって安心できない状況、根っからのニクソン嫌いにとってさえ安心できない状況になってくる。つまり二つの選択肢がある。一つは嘘つきのように見える人物が真実を語っている、もう一つは最悪だが、真実を語っているように見える人物が実際は嘘をついている、というものだ。

あなたはニュース番組の制作者として、こうしたことをよく知っていなければならず、デヴィッド・メリック（一九一一〜二〇〇〇　中国出身の映画・テレビ製作者）やその他の成功した主催者が使った基準をもとにして、ニュースキャスターを慎重に選ばなくてはならない。次にエンタテイメントの価値を最大にするという原則に従って、メリックなどのように番組を演出しなければならない。例えば、番組が始まるときのテーマ曲を選ぶこともある。

どのニュース番組もテーマ曲で始まりテーマ曲で終わるので、番組の前後には音楽が使われている。わたしはこういう慣習を奇妙だと思う人がきわめてわずかしかいないことを知り、これはまじめな公共向けの意思・情報《パブリック・ディスコース》とエンタテイメントの間にあったはずの境界線がなくなった証拠だと考えた。

音楽とニュースはどういう関係にあるのだろう？　何故音楽がなければならないのだろう？　理由は劇場や映画でも音楽が使われているのと同じで、エンタテイメントとして雰囲気を盛り上げて番組の主題を与えるためだ。音楽が使われていないと、ニュース速報で番組が中断されるときのように、視聴者は何か警戒しなければならない事態や生死に関わる事態が起こったと、予想してしまう。番組の枠組みとして音楽がある限り、視聴者は警戒しなくてもいいと安心できる。実際に、放送されている場面が現実性を増すように、番組で報道されている出来事が現実性を増す。

ニュース番組を様式化された大げさな余興として受け入れることは、エンタテイメントとして演出された余興の内容を受け入れることであり、この受け入れはニュース一つに平均四五秒があてられているという事実も含めた、いくつかのテレビの特徴によってさらに強化される。

短いものがつねにつまらないものとは言えないが、この場合はその通りだ。出来事のもつ意味合いが一分間以内で消滅してしまったら、どんな出来事もその深刻さを伝えられるものではない。

ニュース番組がどのような意味合いをも示さないように制作されているのは明らかであり、そうでないと視聴者がその意味合いについて考え込んでしまい、舞台の袖で待機している次のニュースを見ようとしなくなる。どのような場合でも、視聴者が次のニュースを見るように仕組まれているのは、おそらくニュース番組が構成されているフィルムの長さによる。

ニュースの映像は、言葉を圧倒したり、洞察を省略したりする。テレビ局の制作者の仕事として、どのような出来事にも特異性と優先権を与えなくてはならず、そのために映像による裏づけというものがある。警察署に連行される殺人容疑者、だまされた消費者が怒っている表情、人がなかに入っているらしい樽がナイアガラ瀑布を流れ落ちる、ホワイト・ハウスの芝生の上に着陸したヘリコプターから降り立つ大統領、視聴者はこういう場面に魅了され愉しむので、エンタテイメント番組の条件を十分に満たしてくれる。

この場合、画像が実際にニュースの核心を裏づけなくてもよい。どうしてそのような映像が視聴者の社会意識のなかに割り込んでくるのかを説明する必要もない。テレビ局の制作者がよく知っていることだが、フィルムの長さがニュース自体を真実にする。

　ニュースキャスターが短いニュースの最初と最後にコメントを挟むとき、しかめ面をしたり、震えだしたりしないのは、虚構の真実性を高いレベルに保てるからだと認識しておくとよい。もちろんニュースキャスターの多くが自分の話していることを把握しているとは思えないし、地震、大量殺人、その他の災難を報道するときに落ち着いた愛想のいい意気込みを見せるニュースキャスターもいる。視聴者はニュースキャスターの演技に不安や恐れを感じると、面食らうものだ。

　結局、視聴者とニュースキャスターは「では……次に」の世界のパートナーであり、視聴者はニュースキャスターが少しまじめで頼りになる分別をそなえた役柄を演じきることを望んでいる。視聴者としての役割は、現実感覚に反応して現実に影響を受けたりしないことであり、殺人者が観客の家の近所でうろついているなどと舞台上の俳優から言われると、演劇を見ている観客でなくなってしまい、観客はあわてて家に電話しかねない。

　また視聴者は、断片としてのニュースがどれほど危険なように思えても、その後すぐに一連のコマーシャルが流れることを知っている。わたしが原稿を書いているとき、米国海兵隊の将軍が米国とソ連は核戦争を回避できない状況になったと宣言したことがあった。だがそのすぐ後に流れた一連のコマーシャルは、一瞬のうちにニュースの重要性を無力化して、まったく取るに足らない些細なことに変えてしまった。これはニュース番組の構造のなかでも重要な要素となるものだ。このことだけでもニュース番組が公共向けに情報を伝える《パブリック・ディスコース》まじめな形式だという主張はすべてしりぞけられてしまう。

わたしと本書との関係について考えてみてほしい。著者であるわたしが仕事を中断して、少し席をはずしてから本書の議論に戻ってくるなどと言い、ユナイテッド航空やチェイス・マンハッタン銀行について短い原稿を書き始めたとしたらどうだろう？　読者は著者であるわたしや、この本の目的さえ信用しなくなるだろう。一度だけでなく、各章ごとに何回かそういうことを繰り返したら、読者は本を書くという仕事自体に注目する価値がないと考えるにちがいない。

その理由は、本や映画などの情報媒体には一貫した基調があり連続した内容があると思っているが、テレビ、特にニュース番組はそういうものではないと思っているからだ。わたしたちはこういう不連続性に慣れ切っており、核戦争は回避できないと報道したニュースキャスターが、バーガーキングのコマーシャルの後でまたお会いします、つまり「では……次に」と言ったところで、少しも驚かなくなってしまっている。

ニュースとコマーシャルを同じ重さで並置すると、まじめな場所としての社会に対する感覚に損傷を与えることが理解できなくなってくる。この損傷がテレビに依存している多くの若い視聴者に多大な影響を与えてしまうのは、現実にどう対処するかという課題を解く手がかりをテレビに求めているからだ。

若い年齢層がニュース番組を見ると、残虐な行為や死者についての報道は大げさな表現であり、どんなニュースも深刻に受け取ったり、素直に反応する必要はないと仮定し、この仮定に基づく認識機能を身につけてしまう。

思い切った言い方をすると、ニュース番組の超現実主義のような枠組みに組み込まれているのは、論理や理性や時制や矛盾原理を無視した、反情報伝達の理論だと言いたい。この理論に美学にちなんだ名称をつけるなら「ダダイズム」（伝統芸術の形式美を否定する芸術分野での運動）ということになる。哲学なら「虚無主義」、精神医学なら「精神分裂病」[*1]。劇場用語を使うなら「ヴォードヴィル」（歌・踊り・漫才・曲芸などを取り入れたショー）となる。

わたしが誇張しすぎていると考えるなら、ニュース番組「マクニール／レーラー・ニュースアワー」[*2]の取締役編集者であり共同アンカーであったロバート・マクニールが書いた、次の文章を読んでほしい。

ニュース番組が理想とするのは、「すべてをごく短時間で行なうこと。視聴者の注意を引きつけすぎず、多彩さ、目新しさ、動作、場面展開によって、つねに刺激を与えること。必要なことは……番組内容やキャラクターに視聴者の注意を向けないこと、面倒な問題などに二、三秒以上の時間をかけないこと」。

また、マクニールはニュース番組を管理していくための必要条件をあげている。ニュース番組は「一口サイズぐらいの構成が最適。複雑さを避ける。繊細な感性は不要。質にこだわると単純な談話が伝えられない。思考の代わりに視覚刺激を与える。言葉使いの正確さは時代錯誤だと考えること」。

ロバート・マクニールは、ニュース番組がヴォードヴィルだと証言したのではなく、もっと高度な動機を抱えていた。「マクニール／レーラー・ニュースアワー」はテレビに活版印刷の討議《ディスコース》・論説に見られる要素を導入した斬新で上品な試みだ。この番組は視覚刺激をひかえめにして、事件の詳細な説明と深みのある五分から一〇分のインタビューを加え、報道するニュースの数を制限し、ニュースの背景と一貫性を強調する。

しかし、マクニールはショー・ビジネスの形式を拒否したため、テレビ局はその代償を要求した。テレビ番組の条件からすると、このショー番組の観客はわずかであり、番組は公共放送に向いていたため、マクニールとレーラー二人分の年収はダン・ラザーあるいはトム・ブローカウ*3おのおの一人分の年収の五分の一しかなかった。

読者《あなた》が民間放送局の制作者だったら、テレビの要請を無視してはならない。要請とは可能な限り多くの視聴者のために努力することであり、結果としては自分の良識に反しても、マクニールが述べたことに近い番組を制作しなくてはならない。そのうえ、マクニールが述べていないことも実行しなくてはならない。自分が選んだニュースキャスターの名声を高めるように努める。

新聞やテレビ自体を通じて番組を宣伝する。視聴者を誘導して「短いニュース」を制作する。深刻なニュースが続いたら天気予報で息抜きして、スポーツ番組の担当者に酒場の客に話しかけるような少し荒っぽいしゃべり方をさせる。要するに、エンタテイメント業界の制作者らしく、番組全体をこじんまりとまとめたもの《パッケージ》*4にしなくてはならない。

このように考えていくと、アメリカ人はテレビを最も愉しんでいるようだが、欧米諸国のなかでは情報に最もうとい国民でもある。テレビが世界を見るための窓として機能しているので、アメリカ人には、かなりの情報通になったという強いうぬぼれがあり、わたしはこれに反対している。

そもそも情報通とはどういう意味なのか。現在のうんざりさせられるような世論調査にざっと目を通すと、国民の七〇パーセントが国務長官や最高裁判所首席裁判官の名前を知らないと報告している。この問題のかわりに、イラン人で起こった事件「イラン人質危機[*5]」について考えてみよう。

テレビがこれほど継続して注目してきた事件（一九七九年）は、ここ数年なかったように思う。したがってアメリカ国民はこの不幸な出来事についての知るべきことをすべて知っていると思い込んでいる。では、わたしは次のような質問をしてみたい。イラン人は何語を話しているのか知っているだろうか？　百人中に一人もいないと言ったら言い過ぎだろうか？　「アーヤトッラー」（イランで信仰や学識に秀でて法や教義を身に付けた人）とはどういう意味だろう？　イラン人の宗教信仰の教義について詳しく知っているだろうか？　イランの政治史についての概略を知っているだろうか？　イランのシャー（国王）とは誰なのか、どこの出身なのか？

それでも、国民はこの事件について意見をもっている。これはアメリカ人には意見を述べる権利があるからで、二、三の意見をもっていれば世論調査員が来たときに使える。だが、この意見というのは一八世紀や一九世紀における意見とはまったく異なる。これをより正確に言うなら、感情と呼んだほうがいいだろう。なぜならこのことは、世論調査が明らかにしているように、週替わりで変化するからだ。

実際に起こったことは、テレビが「情報通」の意味を作り変えてしまったのであり、テレビによる情報は「偽情報」と呼んだほうがいい。わたしは「偽情報」の意味を、CIAやKGBのスパイが使っているのと同じ意味で正確に述べている。「偽情報」は誤った情報ではない。悪用された情報という意味であり、置き換えられた情報、一貫性のない情報、断片化された情報、表面をなぞるだけの情報のことだ。

こうした情報は、何かを知っているという錯覚を与えるが、実際には事実についての理解を一方向へとそらせる情報にすぎない。しかし、ニュース番組が世界を理解するための首尾一貫した前後関係のある理解力を奪うと言っているのではない。ニュースがエンタテイメントとしてパッケージされると、必ずそのような結果になると言いたい。

ニュース番組は、愉しませてくれるが情報を伝えないというのは、真実の情報が伝わらないということ以上に、もっと深刻な状況にある。情報に接近していく感覚を喪失していると言える。無知はいつでも修正できる。しかし、知識のない人を専門的な知識・情報へと導くには、何をすればいいのだろうか？

このような過程がわたしたちをどのように混乱させているか、驚くべき例をあげてみる。一九八三年二月一五日付「ニューヨーク・タイムズ」紙の記事には、次のような見出しがついていた。

レーガン大統領の誤った発言は注目されず

記事は次のように始まっている。

「レーガン大統領の軍事増援策はいつものように動揺し、発言内容が不明瞭になり、政策や現在の政情全般について誤解を生じる可能性がある。こうした事態は今後繰り返されるべきではない。

もちろん、大統領は議論をよぶ事実を主張し続けているが、大統領の主張を以前のように取り上げるニュースは少なくなった。ホワイトハウス職員の見解によると、報道の減少は**世論の関心が薄れている**のを反映しているからだとしている」。（太字は著者）

この記事は新聞記事というより、むしろニュースについての記事であり、最近の経緯はロナルド・レーガンの魅力を示しているのではない。記事内容はニュースの性質を明確にしており、昔の自由論者や専制君主がこの記事を読んだらきっと驚くにちがいない。例えばウォルター・リップマン（一八八九～一九七四　米国の代表的ジャーナリスト、コメンテーター）は一九二〇年に次のように書いている。「嘘を探知できる手段のないところに自由は存在しない」。

　リップマンは言論など公共向けの情報伝達《パブリック・ディスコース》の水準を、一八世紀や一九世紀における水準まで回復することには期待していない。彼は先人のトーマス・ジェファーソンが行なったように、十分に訓練された報道機関が嘘を探知できれば、大統領が真実をうやむやにすることに国民は腹を立てるか興味を抱くと考えている。リップマンが信じているのは、嘘を探知できる手段があれば、国民は嘘のもたらす社会的重要性に無関心ではいられなくなるということだ。

　しかし、この事件はリップマンの仮説に異議をとなえるものだ。ホワイトハウスを取材する記者は嘘を暴く準備をして実行に移し、情報に基づいて憤慨した意見を述べる根拠を作りだせる。しかし国民の関心は明らかに薄れていた。ホワイトハウスが事実を隠したことの報道に対して、国民はヴィクトリア女王の有名なセリフで答えた。「おもしろくない」。だがこの言葉には女王陛下が気づかなかった意味が隠されている。その意味とは、おもしろくないものには注意を払わなくなるということ。大統領のついた嘘が、画像を使って音楽を流しながら実証されたなら、国民は関心をもって眉をつりあげるだろう。

もし「大統領の陰謀」[*6]のような映画が、政府の方針に関するレーガンの誤った説明をもとに制作されたら、もし別種の侵入事件か、あるいはマネーロンダリングを行なっている悪役がいたら、国民はもっと注目したに違いない。ニクソン大統領の嘘がウォーターゲート聴聞会という舞台装置を与えられるまで、大統領は事態を説明しなかったことを、わたしたちは憶えている。だがこのレーガン事件ではそういう舞台装置もない。明らかに、レーガン大統領が実行するのはすべて事実ではないことを発言するだけ。これではエンタテイメントどころではない。

しかし、ここでは微妙な問題が起こってくる。大統領の誤った発言の多くは矛盾という範疇に入る。矛盾とは互いに相容れない二つの発言を意味し、同じ文脈において、双方が真実であることはない。ここで重要なのは「同じ文脈において」という箇所であり、文脈こそが矛盾するか矛盾しないかを決定するからだ。

誰かがリンゴよりもオレンジが好きだと発言し、同時に、オレンジよりリンゴが好きだと発言しても、一方の発言が壁紙のデザインを選ぶという文脈で話されたものであり、他方の発言がデザート用のフルーツを選ぶという文脈で話されたものなら、問題はない。

　このような発言では、二つの発言は正反対ではあるが、矛盾していない。しかし、二つの発言のそれぞれが、単一の、連続した、一貫性のある文脈において話されたものであるなら、それらは矛盾しており、双方とも真実であることはない。

　つまり矛盾というものは、連続して一貫性のある文脈が相互関係している状況において、発言や出来事を考えることが必要になる。文脈を消し去るか、文脈を断片化すると、矛盾はなくなる。わたしは若い学生たちが書いた文章について議論したことがあったが、そこでの議論がこの問題をさらに明確にしてくれる。わたしは「この段落を見なさい」と言う。「きみたちはこの段落で、あることを言っている。別の段落で反対のことを言っている。どっちが正しいの？」学生たちは礼儀正しく、議論を愉しもうとしているが、わたしが問いかけた質問に戸惑っており、わたしも返事がどんなものか戸惑っていた。

　学生の返事は「わかっていますが、それはそこで、これはここでいいんです」。わたしと学生の意見の違いは、わたしが「そこ」と「ここ」が、「現在」と「過去」だと思い込んで、ある段落と次の段落とがつながり、連続している、一貫した同じ思考の一部だと思い込んだことにある。

　これは活版印刷文化の論理的話法《ディスコース》であり、学生の意見によると、わたしは活版印刷文化に育ち、学生のほうはまるで異なる文化、テレビの「では……次に」の文化に育ったことになる。テレビ文化の基本前提は、一貫性ではなく、不連続だということ。そして不連続な文化では、真実性や価値について判断する際に矛盾が無用になるのは、矛盾が存在する余地がないためだ。

わたしが言いたいのはこういうことだ。現在はニュース番組「では……次に」の文化、つまり断片だけが存在し、出来事が孤立し、過去や未来や他の出来事との関連性を失った文化にすっかり順応しているので、一貫性という仮定条件が消失してしまった。そのためいやおうなく矛盾をかかえこんでいる。**文脈がない**という文脈のなかで、一貫性という仮定条件が単純に消え去ってしまう。一貫性という仮定条件が消え去ってしまった状況で、大統領の現在の発言リストと過去の発言リストの中に関心をもてるものがあるだろうか？

過去のニュースの繰り返しだけでは、面白くて愉しめそうなものはない。ただ一つ愉しめるとしたら、国民の無関心に当惑している報道者の姿だけだ。次の事実には皮肉な意味合いがある。世界をバラバラの断片にしたまさにその集団が、断片を元通りにしようとしたら、断片化に気づいている人間、あるいは断片化を警戒していた人間が一人もいないのに驚かされた、ということだ。

ジョージ・オーウェルの洞察力をもってしても、こういう状況に対して何もできなかっただろう。オーウェル派はこうした状況に対応できない。大統領は新聞を支配しておらず、「ニューヨーク・タイムズ」紙も「ワシントン・ポスト」紙もソ連共産党機関紙「プラウダ」ではなく、米国ＡＰ通信はソ連国営通信社タス通信ではない。この世界にはニュースピーク（『一九八四年』で権力者が事実を故意に曖昧にして真実の露呈を阻むために用いる表現方法）が存在しない。『一九八四年』に見られるプロパガンダのように、虚偽が真実と言われることもなく、真実が虚偽と言われることもない。国民は一貫性のない世界に順応し、愉しみながら無関心になった。オールダス・ハクスリーがこうした状況を知ったとしても、少しも驚かないはずである。ハクスリーはそういう時代の到来を予言したからだ。

　欧米の民主主義が一列になって手錠をかけられて忘却の彼方へと行進していくのではなく、むしろ踊りながら夢を見つつ忘却の彼方へ行進していくことになると、ハクスリーは理解していた。オーウェルには理解できなかったことだが、矛盾に気がつかず、技術による気晴らしによって麻痺した国民から、何事かを隠蔽する必要などないことを、ハクスリーは理解していた。

　彼はテレビが麻薬に通じる主要路であるとはっきり述べたわけではないが、ロバート・マクニール*7が「テレビはオールダス・ハクスリーの『すばらしい新世界』に出てくるソーマ（エリートたちに国家が支給する社会不安解消の薬）である」と記述したことを、ハクスリーなら素直に受け入れるだろう。ビッグ・ブラザー（『一九八四年』の権力者）はハウディ・ドゥーディ（子ども向けテレビ人形劇の主人公）であることが明らかになる。

公共情報が取るに足らない些細なものになったのは、すべてテレビのせいだと言っているのではない。テレビは公共情報《ディスコース》という概念を理解するための認識手段になっていると言いたいのだ。過去において印刷機がそうであったように、テレビはニュース番組が制作されるべき形式を明確に示し、その形式に対してどう反応すべきかということも示した。テレビはニュース番組を寄席演芸《ヴォードヴィル》のパッケージとして制作し、他の情報媒体にもパッケージ制作をすすめ、情報環境のすべてがテレビを反映するようにしむけた。

例をあげると、最近になって大きな成功をおさめた全国紙「USAトゥデイ」はテレビの様式を正確にまねたものだ。この新聞が街路にある販売機に置かれているのを見ると、テレビ装置そっくりだ。記事の長さはとても短く、デザインは写真、図表、その他の画像を多用しており、多色刷りの記事もある。天気図は眼を愉しませてくれ、スポーツ欄はコンピュータを狂わすのに十分なほどのむだな統計を使っている。

「USAトゥデイ」紙は一九八二年九月に刊行され、発行部数調査局が調べた一九八四年七月の調査によると、米国では三番目の全国紙になり、「デイリー・ニュース」紙や「ウォール・ストリート・ジャーナル」紙を追い抜くという結果になった。より伝統的な報道者はこの「U

SAトゥデイ」紙の薄っぺらさや大げさな表現を非難しているが、USAトゥデイ編集局は活版印刷の基準を無視した方針を貫いている。

編集長ジョン・クインはこう語っている。「われわれは何らかの名誉賞を得るために重要な事業に携わっているのではない。不正を徹底追求する小記事に名誉賞など与えられないだろう」。この言葉はテレビが備えている認識機能を共鳴させることに大きく貢献している。現在のテレビ時代では、小記事が印刷媒体でのニュースの基本単位となっているのだ。

さらに、クイン氏は新聞に名誉賞が与えられないからといって、長いことイライラすることもないようだ。他の新聞もこうした紙面刷新に加わったため、不正を徹底追及する対象はより小さな単位となり、文章に名誉賞が与えられるような時代になるまでそう遠くない。

ここで述べておきたいのは、最新の刊行物でありながら売り上げを伸ばした「ピープル」誌や「アス」誌（共にヴィジュアルでゴシップ記事でも知られる）といった雑誌がテレビ志向の印刷媒体であり、テレビそのものへさらに貢献する驚くべき「はねかえり効果」を与えてきたことだ。テレビは雑誌社に対してニュースがエンタテイメントであることを教えたが、雑誌社はテレビに対してエンタテイメントだけがニュースではないことを教えた。

「エンタテイメント・トゥナイト[*8]」のような番組は、芸能人や有名人についての情報を「まじめな」教養番組に変えてしまい、悪循環の輪をつなぐことになる。これによってニュース番組の形式も内容もエンタテイメントとなる。

ラジオは科学技術依存症がはびこるハクスリーの世界へと転落する可能性の少ない情報媒体だ。理にかなった複雑な言語を伝えるのに適している。とは言っても、音楽産業がラジオ局を買収するのを軽視してしまうと、ラジオ局が聴かせようとしている言語がますます幼稚になり断片化していき、音楽によって本能的な反応だけを起こさせようと、冷酷な事実を突きつけられることになる。

つまり、そのような言語はラジオ局の主財源となっているロック・ミュージックと同じように、どこの局でも聴ける言語になってしまう。電話で視聴者が参加する番組が増える傾向は、ロボットのピコピコ発話ぐらいしか話せない参加者を、「番組司会者」が侮辱することにつながる。

そのような番組は、「内容」という言葉の本来の意味を失っており、聴取者が抱ける興味は古代ネアンデルタール人が交わしたと思われる会話に対する考古学上の興味程度のものになる。さらにラジオのニュースキャスターが使う言葉は、テレビの影響を受け、ますます脱文脈化し不連続化しつつあり、単純に世界を知るのではなく、誰もが世界についての知識を得られるという可能性が阻害される。

ニューヨークのラジオ局ＷＩＮＳは、「二二分聴いてくれれば、世界を教えよう」と聴取者に訴えている。これは皮肉ではなく、番組の聴取者はこの標語が混乱した精神が示す概念だと考えねばならない。

このように、わたしたちはテレビを見るという些細な愉しみを追い求める情報環境へと移行している。些細な愉しみを追い求めるという意味のゲーム「トリヴィアル・パースーツ（第五章訳注３参照）」は、実際の出来事を遊びの情報源として利用しているのだが、ニュースの情報源も同じように利用されている。ある文化が誤った情報や世論によって存続することは何度も実証されてきた。だが、二二分間で世界を探求すること、あるいはニュース番組の価値がギャグの数によって判断されることによって、文化が存続できるかどうかはまだ実証されていない。


〈訳注〉
1 **精神分裂病** この心理学用語は、「精神が崩壊する病気」などと誤って認識される可能性があったため、二〇〇二年、日本精神神経学会総会で「統合失調症」という用語に変更されたが「精神分裂病」と「統合失調症」とは別の精神病との見方もあり、ここでは本書が書かれた八〇年代に知られていた「精神分裂病」をとった。

2 **「マクニール／レーラー・ニュースアワー」** 非営利の公共放送として三五四人のメンバーで組織された「パブリック・ブロードキャスティング・サービス」（ＰＢＳ）が、一九七五年秋から放送開始した夕方のニュース番組。

3 **ダン・ラザーあるいはトム・ブローカウ** ラザーは一九八一年から二〇〇五年まで「ＣＢＳイブニング・ニュース」のアンカー・管理職編集者を務め、テレビ・ラジオ・ウェブサイトの優れた放送作品に贈られるピーボディ賞を7回受賞。ブローカウは「ＮＢＣナイトリー・ニュース」のアンカー・管理職編集者で、二〇〇四年一二月まで継投。テレビ・ジャーナリストとして、数々の賞や名誉号を受賞。

4 **こじんまりとまとめたもの《パッケージ》** テレビ業界用語の一つ。いかに優れた技術をもつテレビ局でも、ある事件をすべて生放送で伝えることは不可能なので、実況の画像と、事前に収録済みのドーナッツとよばれる画像をつなぎ合わせ、一本のニュースを作る。これがパッケージで、カメラワーク・原稿・編集などの様々な技術を駆使して作られた、一本の音声・画像データの総体を指す。一本のパッケージは二分間程で、これが四～六本寄せ集められ、三〇分間のニュース番組となる。

5 **イラン人質危機** イランと米国との外交上のもつれから、イスラム過激派によって米国大使館員が捕虜にされた事件。イランと米国との外交上の関係は、一九五三年ＣＩＡの支援でモハメッド・レザ・パーレビが国王に据えられたことに始まる。その後、米国の介入に反対するイラン国内の勢力の高まりで、国王は退位した。その後ガンの治療を名目として、米国は国王を迎え入れた。事件の推移に戻ると、イスラム過激派は七九年一一月四日～九八一年一月二〇日までの四四四日間、米国大使館を占拠し、大使館員らを捕虜にした。八〇年四月二四日、捕虜救出作戦「オペレーション・イーグル・クロウ」が展開されたが、へリコプター二機が墜落、米軍兵士八名が戦死。八一年一月一九日、アルジェリアで両国間に協定が結ばれ戦いは終わり、翌一月二〇日、ロナルド・レーガンが大統領に就任する宣誓を行なった。

6 **「大統領の陰謀」**　ウォーターゲート事件の真相を暴いたワシントン・ポスト紙の記者、C・バーンスタインとB・ウッドワードが書いたノンフィクションの題名。同書をもとに、俳優ロバート・レッドフォードが同名の映画を製作し、主演も兼ねた。

7 **ロバート・マクニール**　一九三一年カナダのモントリオール生まれ。一九五五年よりロイター記者、CBS放送に勤務。六〇年、NBCロンドン支局放送記者として、コンゴ、アルジェリア戦争を取材。六三年、ワシントン支局勤務となり、ケネディ暗殺事件などを取材。六七年、BBC放送に移籍し、米国大統領選挙、キング牧師暗殺事件、ロバート・ケネディ暗殺事件、フランス五月革命などの取材活動に従事。七五年、パブリック・ブロードキャスティング・サービス（PBS）のニュース番組「マクニール／レーラー・ニュースアワー」を製作・出演。二〇〇一年以降は、同年の九・一一事件に関する取材を敢行。現在米国ニューハンプシャー州で芸術家が集まって暮らす地域、マクダウェル・コロニーの運営委員長を務める。

8 **「エンタテイメント・トゥナイト」**　一九八一年九月から現在まで、CBSが衛星を使って放送しているニュース番組。局側の売り文句は「最も多く視聴されているエンタテイメント・ニュースマガジン」と謳っている。三一周年記念に当たる二〇一一年～一二年のシーズンには、番組が大きく変わると予告していた。

第八章　ショー・ビジネスとしての宗教

テレビに出演している女性福音伝道師は、テリー師という名前で親しまれている。五〇歳代でテレビに出演し、独特な髪型をしていたが、乱れているのではなく手入れをしてないだけと言っていた。テリー師は活気があり親しみやすく、昔のコメディアン、ミルトン・バールを手本にしたような説教を行なった。

観客が説教に反応している場面が映ると、観客はいつも笑っている。そのためラスヴェガスのサンズ・ホテルに集まった観客なのか、テレビ・スタジオの観客なのか見分けられなかったが、ラスヴェガスの観客よりも少し小ぎれいで健康そうであったのは事実だ。

テリー師は観客とテレビの視聴者に対して、イエス・キリストを見出し、生き方を変えるように説いた。自分の使命を果たすために、「繁栄をもたらす宣伝材料」の購入を薦めていたが、これを使う目的は二つあった。イエスのそばに導いてくれるため、銀行口座の預金を増やす助言を与えてくれるため。

信者をこの上なく幸福にして、信者の性格を強めて繁栄することこそ宗教がめざす本当の目的であることを信じさせる。おそらく神はこれを受け入れなかったのだろう。わたしが本書を書いているとき、テリー師は破産し、聖職者の職務を一時的に停止した。

パット・ロバートソンは大ヒットしたショー番組「七〇〇クラブ」の司会者であり、「七〇〇クラブ」は月額一五ドルを払えば入会できる宗教団体でもある。もちろんケーブル・テレビを見ている人なら無料で見られる。ロバートソン師はテリー師よりもずっと穏やかな説教を行なった。控えめで、知的で、冷静沈着なトーク番組の司会者を思わせるような魅力があった。

テレビの見方からすると、信心を勧める訴求力はテリー師のそれよりも洗練されていた。ロバートソンの番組は報道番組「エンタテイメント・トゥナイト」を手本にしているようだ。「七〇〇クラブ」にはインタビューがあり、歌手が出演し、キリストにより生まれ変わった芸人が出演する録画によって構成されている。

例えばハワイの歌手ドン・ホーの演奏に加わっている女声合唱隊はみな生まれ変わったキリスト教徒であり、祈っている場面と舞台に立っている場面が映っていたが、同時に両方を演じていたわけではない。また絶望の淵に立たされた人が「七〇〇クラブ」で救済されるところを再現した録画もある。出演者はたくみに構成されたドキュメンタリー・ドラマで自分自身を演じている。

あるドラマでは不安に苛まれている女性が登場した。家事にどうしても集中できないのだ。女性はテレビのショー番組や映画を見ていたが、そのせいで社会に出ることを恐れるようになった。妄想が忍び寄ってくる。自分の子どもが自分を殺そうとしていると信じたりする。

ドラマが進行し、その女性はテレビで偶然に「七〇〇クラブ」が放送されているのを見る。番組が伝えるメッセージに感じるところがあったのか、キリストを心の中に受け入れる。女性は救済された。ドラマの最後には、仕事にでかける姿が映る。おだやかに、うれしそうに、目は幸福で輝いている。こうして「七〇〇クラブ」は二度にわたって、女性に並はずれた幸福をもたらした。

最初はイエスという存在に出会わせたこと。次に女性をテレビの人気者にしたこと。入信していない者にはどちらが神聖なのか明らかではない。毎週「七〇〇クラブ」が終わりに近づくと、次週の予告が始まる。多種多様なエピソード。誰かがこう言って番組をしめくくる、「来週はもっとお愉しみが……それでは明日もあなたの七〇〇クラブで」。

ジミー・スワガート（ペンテコステ派「神の集会派」の宗教活動家）はいくぶん古風な伝道師だ。ピアノを上手に弾き、甘い声で歌い、テレビの機能を十分に駆使したが、いざ説教となると罪をとがめることを好んだ。しかし自分が出演しているのはテレビ番組だということもあり、宗派の壁を超えるような談話で穏やかな印象を与えた。例えばスワガートの説教はユダヤ人が神を冒とくしたかという問題について次のように始まった。

まず冒とくしなかったと観客を安心させ、イエスのバルミツヴァ（ユダヤ教で一三歳の少年に施す成人儀式）を思い起こさせ、キリスト教徒はユダヤ人に大きな借りがあると観客に語りかける。説教を終えるときは、旧約聖書時代にユダヤ人がエホバの神殿を失ったために生きる道を見失ったと告げる。スワガートの談話はユダヤ人が軽蔑されるべきではなく同情されるべきであり、とにかくユダヤ人の大多数が善良な人だということを示す。

テレビ向けの完璧な説教であり、演劇のようであり、感情がこもり、不思議なことにユダヤ人さえ慰められた。有難いことに、テレビはむきだしの憎しみがこもった談話を受け入れない。第一の理由は誰が見ているかわかったものではないので、やたらに攻撃するのは得策ではない。第二は紅潮した顔で怒っている人や、悪霊のような仕草をテレビで見ると、単に間が抜けているように見えるからであり、このことは数年前にマーシャル・マクルーハンが述べており、ジョゼフ・マッカーシー上院議員（一九〇八〜五七。五〇年代にいわゆる赤狩りを扇動した上院議員）が失意のうちに学んだことでもある。

テレビは視聴者を手なずけるような雰囲気のある人を好み、その人の性格が隠されていると最良の効果が表れる。但しスワガートのような伝道師が悪魔や世俗の人道主義者について語るときは、例外としておかねばならない。そういうとき、彼らが断固として攻撃という暴挙に出てくる理由は、ニールセン視聴率調査が悪魔も世俗の人道主義者も対象にしていないから。どちらもテレビ画面など見たいと思っていない。

現在、宗教組織によって所有され運営されているテレビ局は三四あるが、それぞれが一つか二つの宗教番組を放送している。この章を書くために、宗教のテレビ番組を四二時間見たが、ほとんどがロバート・シュラー、オーラル・ロバーツ、ジミー・スワガート、ジェリー・ファルウェル、ジム・バッカー、パット・ロバートソンの番組だった。四二時間も見る必要はなかった。五時間あればすべての結論が出たが、公正に導き出せた二つの結論を述べておこう。（右の人々はすべてテレビ伝道師。）

第一の結論は、テレビで放送される宗教は他の番組と同じように、まったく単純に、理屈ぬきの娯楽番組として提供される。宗教は歴史に残る活動、深遠な行動、聖なる人間活動であるはずだが、そうしたすべてが剥ぎ取られていた。儀式もなく、教義もなく、伝統もなく、神学もなく、とりわけ精神の超越性も見られなかった。伝道師が主役で、神は脇役の喜劇役者。

第二の結論は、こうした事実はいわゆるテレビ伝道師が不足していることではなく、テレビという情報媒体の偏重に関連していることだ。これらの伝道師が教育を受けておらず、地方出身であり、偏狭頑迷な人間であることも確かな事実だ。ジョナサン・エドワーズ、ジョージ・ホワイトフィールド、チャールズ・フィニーといった、昔の有名な福音主義者とテレビ伝道師とを比較できないのは、先人たちのほうが学問を習得し、神学における精妙さが身につき、力強い演技による訴求力を備えていたからだ。

それでも現在のテレビ伝道師は、昔の伝道師、あるいはキリスト教会やユダヤ教会だけで使命を果たしている現在の聖職者と、活動の限界という点でそれほど違っていない。テレビ伝道師が宗教経験と対立してしまう理由は、彼らが脆弱だからではなく、活動している情報媒体の力が脆弱だからだ。

説教師も含めたアメリカ人がいくら考えても受け入れられない事実というものがある。すべての意思の伝達形式《ディスコース》は、ある情報媒体から別の情報媒体へと転換できないということである。ある形式で表現されたことが意味合いや色合いや価値を大きく変えずに、別の形式で表現されると考えるのはいかにも単純すぎる。散文はかなり正確に翻訳されるが、詩については翻訳できないことはよく知られている。

翻訳された詩の意味について、おおまかな感じはつかめるが、その他のすべては失われてしまい、とくに美の対象となるものが伝えられない。翻訳は美しさの意味を変えてしまう。別の例をあげよう。家族を亡くした友人に悔やみ状を送るのはよいが、反対に悔やみ状を受け取った場合、わたしたち自身の心痛の言葉や囁いた言葉と同じ意味を、送られてきた悔やみ状が伝えていると考えてはならない。

悔やみ状というものは言葉を変えてしまい、言葉が意味を表わす文脈を消し去ってしまう。同じように、教師がふつうに教えていることを、コンピュータが効率よく模倣できると考えてはならない。多少のことは模倣できるが、つねに次の疑問が残る。コンピュータの翻訳によって何が失われるか？　答えは教育に関わるすべての重要なこと。

アメリカ人らしくない言い方だが、どのようなことでも**放送できる**わけではない。もっと正確に言うと、テレビで放送されると、制作されたものとは別のものに変わってしまい、元の本質を保つこともあるが、元の本質を失ってしまうこともある。このことを真剣に発言したテレビ伝道師はいない。

テレビ伝道師は、教会やテントの下、あるいは人と対面して話したことが、意味合いが失われることなく、宗教体験の質が変わることなく、テレビで放送されると考えている。テレビ伝道師が翻訳において意味が失われる問題について発言できなかったのは、テレビが視聴することを認めた膨大な数の視聴者が抱えている傲慢さに原因がある。

ビリー・グラハムは次のように書いていた。「テレビは人間によって発明されたコミュニケーション装置のなかで最も強力である。私の特別番組は高視聴率時間帯に放送されるが、三〇〇局を通じて全米とカナダに放送されており、一局の視聴者数だけでも、キリストが生涯をかけて説教した信者数よりもはるかに多い」[*1]。これに対し、パット・ロバートソン（プロテスタント保守派のテレビ伝道師）は次のように書いている。

「教会がテレビに関わらないなどという考えはまったく愚かしい。要望されていることは同じであるし、伝えるべきことも同じであり、伝達方法が違うだけ。……アメリカで最も発展している情報媒体に、教会が関わらないなどというのは愚かしいことだ」[*2]。

これは俗っぽい技術信仰だ。伝達方法が違えばメッセージも違ってくるはず。そしてメッセージを伝える文脈がイエスの時代と違っていれば、社会における意味や心理における意味も違ってくると思う。

結局、テレビとテレビの環境には幾つかの特徴があり、それらの特徴が協力し合って本物の宗教経験をとんでもないものにしている。第一の特徴は、娯楽番組を見る居間などを神聖なものにする方法がないという事実に関わる。どのような伝統宗教の礼拝でも、礼拝を行なう空間を神聖にする手段がある。当然キリスト教会やユダヤ教会には儀式を行なう場所が定められており、そのなかで起こる出来事はたとえビンゴ・ゲームであっても宗教のオーラがある。しかし礼拝はキリスト教会やユダヤ教会だけで行なわれるものではない。

礼拝はまず汚れを清めるものと考えれば、どんな場所でも行なえる。但し俗事への利用は禁じられている。十字架を壁にかけ、卓上にろうそくを置き、神聖な書物を聴衆に示す。そういう行為によって、競技場、大食堂、ホテルの客室が礼拝の場所となる。

俗事に満ちた世界から時空の一部を借りて、わたしたちの世界には属していない神聖な時空間として再生させる。だがこの変容が起こるには定められた手順を踏まねばならない。例えばものを食べることやつまらないおしゃべりは禁じられている。聖職者用の帽子をかぶり、決められた時間ひざまずいていることが必要であり、あるいは単純に沈思黙考すればよい。

わたしたちの行ないは超俗の世界と一致しなければならない。だが、宗教番組を見ていると、こうした状況にはならないはずだ。居間や寝室、あわれにも台所でテレビを見ていたとしても、放送されているのが宗教番組なのか、「特攻野郎Aチーム」や「ダラス」なのかということにはあまり注意をはらわない。

放送されているテレビ画面の前で、人は食事をとり、話し合い、風呂に入り、あるいは腕立て伏せやその他の生活行為を行なう。礼拝を行なう集団は神秘や象徴に関わる超俗世界に没頭していなければ、非日常的な宗教経験を得るための精神状態にはなれないだろう。

さらに、テレビ画面そのものには宗教を排斥する心理学へと向かう強力な偏重がある。テレビ画面には世俗の出来事の記憶が染みこみ、コマーシャルやエンタテイメントの世界に深く関わっているので、神聖な出来事を画面に再生することが難しい。何よりも視聴者はカチッというスイッチの音で、ホッケーの試合やコマーシャルやアニメなど様々な俗事が画面に映し出されるのを期待する。

そればかりではなく、宗教番組の前後に、コマーシャル、人気娯楽番組の予告、多彩な俗事に関わる画像やいろいろな情報《ディスコース》が流れるが、画面自体が送るメッセージは、エンタテイメントが流れ続けることなのである。テレビが積み重ねてきた歴史や、テレビ画面に必ず何かが起こるという可能性への期待によって、内省あるいは精神の超越性のほうが望ましいという考え方を否定するようになる。テレビ画面はつねに映像によって気晴らしや愉しさをもたらすことを記憶させようとしている。

テレビ伝道師はこのことをよく知っている。彼らは自分の番組がコマーシャルの放送を中断するものではなく、単に連続した放送の一部であることを知っている。もちろん宗教番組の多くは伝統的な日曜番組として放送される。人気のある伝道師が世俗番組と直接に対抗したがっているのは、自分の番組をもっと訴求力のある番組にできると考えているからだ。ところで、こういう番組をつくる資金については心配はいらない。これらの宗教番組に対する寄付金は数百万ドルにのぼる。テレビ教会の年間総収入は五〇億ドルを超えると推測される。

　この話をしたのは、テレビ伝道師が徹底した商業番組にかかる高額な制作費の資金を、どうして調達できるのかを述べたいからだ。彼らは資金を十分に調達できる。どの宗教番組も水のわき出る泉、花を散りばめた装飾、聖歌合唱隊、入念に作られた舞台装置を見せてくれる。こうした番組の舞台作りはかつて人気のあった商業番組を模範にしている。

　例えばジム・バッカー（一九四〇～　妻と共にテレビ伝道師を務めたが不倫事件で辞任）は「ザ・マーブ・グリフィン・ショー」（一九六二～八六年、二大放送網で放送された娯楽番組）を手本にしたもの。こうした番組が人をひきつけ物珍しい景色の見られる、異国情緒に満ちた地方でロケされることも、一度や二度ではない。

　さらに、すこぶる容姿の整った人たちが舞台と観客席の両方にいつも姿を見せる。ロバート・シュラーは、エフレム・ジンバリスト・ジュニア（一九一八～　「サンセット77」などで日本にもおなじみの俳優）やクリフ・ロバートソン（一九二三～二〇一一　アカデミー賞受賞の俳優）といった有名な俳優が協力してくれるので、とくに彼らのような有名人が好きだ。シュラーは有名人を自分の番組に迎え、番組の広告も視聴者を魅了するのに有名人を使う。「特攻野郎Aチーム」や「ダラス」といった番組と同じように、視聴者をひきつけておくのが番組の目的といってよい。

目的を達成するために最新の市場戦略や宣伝広報がたっぷりと展開され、無料パンフレットや聖書や景品が提供される。ジェリー・ファルウェルの番組では一組の〈キリストが第一〉記章が無料で配られた。伝道師は説教の内容をどうするかについては、視聴率を最大にすることだと率直に述べている。

テレビ伝道師の口から裕福な人間が天国へ行くのは困難だという言葉を聞きたいと思っても、なかなか聞かせてくれない。国立宗教放送協会の常務理事は全テレビ伝道師が守るべき不文律を要約している。「視聴者が気に入るようなものを提供すれば、視聴率の分け前にあずかれる」。

読者はこれが異常な宗教信条だということを心に留めておいてほしい。ブッダに始まり、イエス、マホメット、ルターまで、これらの宗教指導者は人々が望むものを与えた。人々が必要とするものだけを与えた。だがテレビは人々が必要とするものを与えることができない。「視聴者に優しい」だけだ。

テレビの電源は簡単に消せる。テレビが視覚に訴える映像をたっぷり使えば、視聴者を最も魅了するものとなる。テレビが複雑な言語や厳しい要求などを受け入れることはない。結果として、テレビを通じて説教することは「山上の垂訓」にはならない。

宗教番組は暖かい微笑で満ちている。宗教番組は裕福をめでる。宗教番組の出演者は有名人になっていく。彼らの談話が取るに足りないものであろうと、番組は高視聴率を示す、あるいは談話が取るに足りないものであるからこそ、番組は高視聴率を示す。

キリスト教は厳しい修練を必要とするまじめな宗教だというようなことを言っているのではない。そうではなく、気楽な愉しみに溢れた番組として放送されると、その番組は別種の宗教になってしまうということなのだ。

もちろん、テレビが宗教を堕落させるという主張に対して反対意見もあるだろう。その一つはテレビにつきものの華々しい光景は宗教にも見られるという意見である。クエイカー教徒（キリスト友の会派の会員）やその他の禁欲を旨とする宗派は別として、ほとんどの宗教が芸術、音楽、聖像、そして畏れを感じる儀式を通じて、宗教そのものに関心を抱かせようとしている。

宗教が多数の人にとって見た目に美しいのは、祭事を起源としているからだ。このことはとくにローマカトリック教やユダヤ教にあてはまり、集まった信徒の記憶に残るような聖歌や、華麗なローブや肩掛け、不思議な帽子、聖餅とワイン、ステンドガラスの飾り窓、古代語の神聖な抑揚を提供する。

こうした宗教装具と、テレビで見る水のわき出る泉や花を散りばめた装飾や念入りに作られた舞台との違いは、前者が実際には装具などではなく、宗教そのものの歴史や教義にとって不可欠だということ。こうした儀式は集まった信徒に敬虔な態度を求める。テレビ伝道でユダヤ教聖職者が祈るときに帽子をかぶっているのは、テレビ映りがいいからである。

カソリック教が祈祷用のろうそくに火をつけないのは、祭壇の見栄えを変えたくないからである。儀式を行なうラビ、司祭、長老派牧師であれば、自分が宗教人であることを儀式の途中で見せびらかすために、テレビ局のスタジオに来ている映画スターに証言させたりはしない。

実際の宗教儀式には、エンタテイメントではなく歓喜を与えるという目的がある。この差異はとても重要なことだ。装具というものに不思議な力を与えることによって、歓喜は聖なるものに至る道を見出す手段となる。反対にエンタテイメントは道から遠ざかる手段である。

こうした批判に対するテレビ局側の答えというのは、テレビで見られる宗教番組の多くは二〇世紀初めの根本主義[*3]であり、その教義は儀式や神学をあからさまに軽蔑し、聖書そのもの、つまり神との直接の対話を好むというものだ。わたし自身が準備を整えていない神学の論議に巻き込まれないために、テレビが言う神はあいまいな存在で脇役だと言っておくのが、公平かつ自明なことだと思う。

神の名前は繰り返し述べられるが、説教師のイメージのほうが具体性と永続性を与えられており、崇められるべきは神ではなく説教師だという明快な神託が伝えられる。説教師がそう望んでいると言っているのではない。

色彩豊かな画面に映っている顔の近接撮影は迫力があり、この迫力が偶像崇拝を永遠の神頼みに変えてしまうと言いたい。結局、テレビはモーゼの民が金箔で作った偶像「金の仔牛」よりもずっと強く心をそそり、心に銘記させる様式を備えている。わたしには物的証拠が何もないのだが、ローマ・カトリック教会はフルトン・シーン主教[*4]に反対しないと思う。

数年前、シーン主教がテレビ番組で行なった劇的な演技は、視聴者が神ではなくシーン主教を信じて受け入れた印象から生じた。シーン主教の鋭い眼差し、畏敬の念を起こさせる長外衣、威厳のある声の調子などが、その画像に神格を与えた。

テレビが持つ強い影響力は、視聴者の脳のなかに抽象概念を記憶させることではなく、視聴者の心のなかにパーソナリティを刻みつけることだ。CBSが放送した宇宙についての番組は、テレビキャスターであったウォルター・クロンカイトの名前をつけ、「ウォルター・クロンカイトの宇宙」という題名になった。人間が宇宙の壮大さを思い描けるのはクロンカイトのおかげではない。だがCBSはクロンカイトが銀河系よりもうまく責任を果たせることを知っていた。ジミー・スワガートも神よりもたくみに責任を果たした。神は心の中だけに存在するのだが、スワガートは目の前にあるテレビ画面に存在し、尊敬され、崇拝される。これこそスワガートがスターでいられる理由だ。またこれはビリー・グラハムが名士であり、オーラル・ロバーツが自分の宇宙を所有し、ロバート・シュラーが自分のための水晶宮殿を所有している理由でもある。わたしの間違いでなければ、これは神への冒とくとなる。

最後に残された問題は、テレビ宗教が作り上げた批判がどんなものであれ、テレビが数百万人の視聴者を魅了するという避けられない事実が手つかずのまま残されていることだ。このことはその昔のビリー・グラハムとパット・ロバートソンの発言の意味でもあるのだが、膨大な数の大衆が必要としているからだという。これに対応できるわたしの最良の答えは、大衆文化が生み出したものについてハンナ・アーレント[*5]が考察した言葉に見られる。

「このような状況は他のどの国にも見あたらないのだが、適切にも大衆文化と呼ばれている。その奨励者は大衆でも芸能人でもなく、かつて文化がめざしていた真の目的をエンタテイメントとして視聴者に提供し、『ハムレット』は『マイ・フェア・レディ』と同じようにエンタテイメントであり教育でもあるのだと教えようとしている人たちである。大量集団教育に潜む危険性は、教育が娯楽化しつつあることだと言ってよいだろう。何世紀もの間、忘れ去られ見過ごされたまま、過去を生きのびてきた偉大な作家が多数いるが、この人たちの主張がエンタテイメント版になって生きのびられるかどうかは、いまだに結論の出ない問題だ」。

文中の語『ハムレット』を「宗教」に、語句「過去を生きのびてきた偉大な作家」を「偉大な宗教的伝統」に置き換えてもらうと、この引用文はテレビ宗教についての徹底した批判となる。要するに宗教はエンタテイメントになりうる。そこで問題は宗教をエンタテイメント化することによって、わたしたちは「文化がめざしていた真の目的」を破壊してよいのかどうか？ヴォードヴィルの手法をふんだんに使ったテレビ宗教を支えているのは視聴者の人気なのだが、伝統ある宗教の概念をまるで躁病をわずらっているようなテレビ画面へと俗化させてよいのかどうか？

すでに述べたことだが、オコナー枢機卿が戸惑いながら行なった試みを、視聴者は好んで愉しんだ。ある教会区司祭はロック・ミュージックをカトリック教の教育に喜んで取り入れようとしたが、この教会区司祭もオコナー枢機卿の試みを愉しんだ。わたしの知っているラビはオペラ歌手のルチアノ・パバロッティを呼んで、ヨウム・キプルの礼拝でコル・ニドレイを歌ってもらおうと信徒を熱心に説得した。ラビはこの音楽会を開けば、ユダヤ教会堂が初めて満員になると思ったようだ。このことは誰も疑わなかった。[*6]

しかしハンナ・アレントなら、**それ**は問題を残すだけで解決にはならないと答えるだろう。わたしは神学委員会および全米キリスト教会協議会教育電子媒体のメンバーとして、「世間に知られた」宗教組織であるプロテスタント教会がその礼拝をさらにテレビ番組化しようとしている傾向に深い危惧をいだく。全米キリスト教会協議会では十分に理解されていることだが、宗教に訪れる危機というのは宗教がテレビの芸能番組になることではなく、テレビの芸能番組が宗教そのものになってしまうことにある。

〈訳注〉

1　**はるかに多い**　フランスの哲学者・批評家ロラン・バルトはエッセイ「エッフェル塔と他の神話」で、ビリー・グラハムについてこう語っている。「神がグラハム師の口を借りて実際に話すとしたら、神は愚か者だ」。

2　**愚かしいことだ**　ロバート・エイベルマンとキンバリー・ニュエンドーフの著書『宗教と放送』（一九八

四年）からの引用。

3 **根本主義** 二〇世紀初め、米国で生まれたプロテスタント教会の教義。聖書に述べられている天地創造、処女受胎、キリストを介した奇跡、キリストの復活などは、文字通りに受け入れるべきだとされている。他宗派からは「キリスト教原理主義」とも呼ばれる。

4 **フルトン・シーン主教**（一八九五～一九七九）一九五〇年代のテレビ番組「Life Is Worth Living」でスター伝道師となった人物。ローマカトリック教会のアメリカ大司教でもあった。一九五三年二月の放送では、シェイクスピア劇「ジュリアス・シーザー」の台本に、ソ連の政治首脳部であるスターリン、ベリア、マレンコフなどの名前を挿入し、朗読による政治批判を行なった。

5 **ハンナ・アレント**（一九〇六～七五）ドイツ生まれのユダヤ人女性思想家。米国で活躍し、一九六三年月刊「ニューヨーカー」誌に寄稿し、ドイツで行なわれたアイヒマン裁判についての記事を公表した。彼女はアイヒマンの罪科について述べているが、それは狂信者や社会病質者の行動ではなく、当時のドイツ帝国における社会基準に基づく行動とした。このことをアレントは「凡庸な悪」と表現している。

6 **ヨウム・キプルの礼拝でコル・ニドレイを歌って** 一九七三年一〇月六日はユダヤ教におけるヨウム・キプル（あがないの日）にあたり、断食を行なう日だったが、この日、エジプト・シリア軍はこの機に乗じてイスラエルを攻撃した。コル・ニドレイはヨウム・キプルの前夜に歌う聖歌であり、神に対して誓った事柄のうち、実行されなかったことを告白し、罪を許し給えと祈る。

第九章　「手を伸ばそう、誰かを選ぼう」

エドウィン・オコーナー（一九一八～六八　人気のあったラジオ・パーソナリティ）がボストンの党派政治について書いた、優れた小説『ザ・ラスト・フラー』のなかで、登場人物のフランク・スキフィントンが若い甥に政治体制の現実について教えている。アメリカの政治は最も偉大な観戦向きのスポーツだと。一九六六年、ロナルド・レーガンはこれとは別の譬え《メタファー》を使って、「政治はショー・ビジネスのようなものだ」と言った。

現在、スポーツはショー・ビジネスの大きな支流の一つになっており、スキフィントンの政治見解のほうがレーガンのものよりずっと励みになる。どのようなスポーツでも、運動選手や観客は卓越性の基準をよく知っており、運動選手の評価はそうした基準への近さによって上下する。基準に従って、運動選手がどのぐらいの順位にいるかということをでっちあげたりごまかしたりするのは不可能だ。

つまり米国大リーグにいる外野手デビッド・ガースの打率が二割一分八厘だという印象はなかなか払拭できない。また、「世界で最も優秀な女性テニス選手は誰ですか?」という疑問について、世論調査を行なうのは意味をなさない。世論はそういう疑問に答えられない。マルティナ・ナヴラチロヴァ（一九五六〜　プラハ生まれの米国の女性テニス選手）のサーブは最も優秀かという疑問であれば、確実に答えが出せる。

運動競技の観客は試合の規則や、選手の動作一つひとつが示す意味をよく知っている。満塁で三振してしまったバッターは、自分のチームのために三振したと観客に言い訳できない。あるいは、ボールを打ってダブル・プレイになるよりはましだと言える**かもしれない**。野球で打つことと三振すること、アメリカン・フットボールでのタッチダウンとファンブル、テニスでのサービス・エースとダブル・フォルト、こういうことはごまかしが効かない。

スポーツキャスター、ハワード・コウセルの特徴である、もったいぶった仕草や気取りすぎによる言葉の誤用をもってしても、ごまかしはきかない。もし政治が運動競技のようなものであれば、運動競技という名称に相応しい長所が幾つかあるはずで、公正、誠実、卓越といったところだろうか。

だが仮にレーガンの言うことが正しかったら、政治に相応しい長所とは何だろう?　卓越という概念はショー・ビジネスにまったくないわけではないが、その主目的は観客を愉しませることであり、そのために使う主要な装置は人工のもの。政治がショー・ビジネスのようなものであれば、政治の考え方は公正、誠実、卓越を追い求めるのではなく、そのように見せかけることにあり、これはまったく別のことになってくる。それを一言でいうと、広告ということになる。

一九六八年にリチャード・ニクソンが出馬した大統領選挙について、ジョー・マッギニスは『大統領を売り込む』という本に書いているが、政治と広告について何を語るべきかについて、題名でも本文でも多くのことを語っている。だがすべてを語っているわけではない。大統領を売り込むというのはいかにも度肝を抜くような、品位を下げるような表現だが、これはさらに大事の前の小事にすぎない。大事なこととは、アメリカにおける政治に関わる意思伝達《ディスコース》の基本となる一つの喩え《メタファー》は、テレビのコマーシャルであること。

テレビのコマーシャルはプラグから流されてくる、最も特殊ではあるが最も普及しているコミュニケーションの形式だ。四〇歳を越えたアメリカ人はそれまでの人生で一〇〇万本のコマーシャルを見ており、社会保障手当の小切手が初めて届くまでにさらに一〇〇万本を見る。従ってテレビのコマーシャルはアメリカ人の思考習慣に大きな影響を与えていると考えて間違いない。

もちろんコマーシャルが公共の思想・言論《パブリック・ディスコース》の伝達のすべてを構築するための重要な模範になっていることを実証するのは簡単だ。この章におけるわたしの目的は、コマーシャルが政治の演説や議論《ディスコース》を混乱させているのを明らかにすることにある。しかしコマーシャルが商業そのものに影響を与えているのを指摘することにも何らかの価値があるだろう。

テレビのコマーシャルは、ショー・ビジネスで使われるすべての技術——つまり音楽・劇・イメージ・笑い・有名人——を、簡単な形式にまとめることにより、ドイツの経済学者カール・マルクスの著書『資本論』が出版されて以来、資本主義という観念に最も激しい攻撃を開始した。その原因を理解するためには科学や自由民主主義と同じように、資本主義が啓蒙思想から生じたことを思い起こさねばならない。

資本主義の主要な理論家のうち最も裕福な実践者でさえ、資本主義は次のような考え方に基づいていると信じていた。つまり売り手も買い手もお互いの利益になる取引を行なうために、しっかりした分別があり、十分に情報を得て、道理をわきまえていること。仮に貪欲というものが資本家のエンジンを動かす燃料として使われるとすると、そのときは必ず道理が運転席に座る。

資本主義理論の一部によると、市場競争に参加する買い手は、自分にとって利益になるのは何なのかということと、利益とは何なのかを知っているべきだとしている。もし売り手が、道理に基づく市場によって決められた価値のある商品を生産しなければ、売り手は大きな損害を受ける。競争者が勝者になろうと駆り立てられ、勝者がそのまま勝ち続けようとするのは、買い手同士に通じる仮定条件として道理にかなう。

買い手が道理にかなう判断ができないと考えられるとき、例えば子どもが契約を交わす場合、法律はその契約を認めない。アメリカの法律によって、売り手が自分の商品について事実を伝えねばならないと定められているのは、買い手が偽情報から自分を守れなければ、道理にかなう意思決定ができなくなるからだ。

もちろん資本主義を実践することは矛盾をはらんでいる。企業連合や市場独占が理論をむしばむ。しかしテレビのコマーシャルは理論を壊滅させる。簡単な例をあげよう。道理に沿って考えてみると、コマーシャルやその他どのような提案も言語によって表現できる。もっと正確に言うと、どのような主張も提案という形式をとるのは、言葉で考え方を伝える領域から「正」や「誤」というような言葉が生まれてくるからだ。もし言葉で考え方を伝える領域が廃棄されたら、経験による検証や論理分析や、他の道理にかなう方法を使えなくなる。

コマーシャルによる宣伝という提案はさておき、宣伝活動を行なうことは一九世紀に始まった。テレビのコマーシャルが商品を判断する基準として、言語による意思疎通《ディスコース》を時代遅れにしてしまったのは、一九五〇年代からだ。言語情報を画像情報に置き換えることによって、画像によるコマーシャルが正誤の判断ではなく、感情に訴える訴求力を消費者側の判断基準にしてしまった。

道理にかなうことと宣伝を行なうこととの距離は広がり、この二つのことにかつて関連性があったことさえ思い出せなくなっている。現在流されているテレビのコマーシャルについて言うと、テレビには向かない地味な人間が出演しなくなったように、何かを提案するコマーシャルも見られなくなった。

広告主の提案が正しいか誤っているかは重要なことではない。例えばマクドナルドのコマーシャルは、検証可能な論理秩序のある提案ではない。それは一種の芝居であり、お望みなら神話とも言えるものであり、容姿の美しい人がハンバーガーを売ったり、買ったり、食べたりして、自分に訪れた幸せにうっとりしている芝居なのだ。芝居の画像が映され、視聴者にささやきかけるが、そこには提案など存在しない。もちろん、テレビのコマーシャルが好きでも嫌いでもかまわない。しかしコマーシャルを拒絶することはできない。

さらに、続けてみよう。コマーシャルは消費される商品の特徴を伝えているのではない。商品を消費する人間の特徴を伝えている。映画スター、有名な運動選手、穏やかな湖と野性味溢れる釣りの旅、優雅な晩餐と夢のような間奏曲、ステーション・ワゴンに荷を積み込んで野外でのピクニックに出かける家族、こうした画像は広告主が売り込む商品について何も語っていない。消費者が抱く恐れや幻想や夢を伝えている。

広告主が知りたいと思っているのは商品規格の正しさではなく、消費者が嫌っていることだ。このようにして、事業経費の重みは**商品**調査から**市場**調査へと移っていく。コマーシャルは商品価値を高めることよりも、消費者に価値観を感じさせることへと向かう。つまり事業の中心は擬似心理療法となっていく。消費者は心理劇によって癒される患者となる。

経済学者アダム・スミスがこうした状況を知ったら驚くに違いないが、同じように高潔なジョージ・オーウェルが政治の変容ぶりを知ったら驚くに違いない。アメリカの文芸評論家ジョージ・スタイナーはオーウェルの「ニュースピーク」(第七章参照)は「コマーシャルの冗長」に由来していると述べているが、これは事実だ。

オーウェルが有名なエッセイ「英語の政治学」で政治とは擁護できないものを擁護することだと述べているのは、政治の言論活動が腐敗していても、まぎれもない思想《ディスコース》を伝える一様式だと考えていたからだ。二重思考、宣伝工作、詐欺といった一昔前の技術を、高度な策略として使うような政治家を、オーウェルは軽蔑していた。

娯楽という形式によって、擁護できないものを擁護してしまうことなど、オーウェルには考えつかなかった。オーウェルは策略にとんだ政治家を恐れていたが、エンタテイナーのような政治家は恐れていなかった。

テレビのコマーシャルは、政治についての考え方を示すための、最新の手法を創出する主要な手段となった。コマーシャルはそのために二つの方法を駆使する。第一の方法は、コマーシャルという形式を政治広報に使えるようにしたこと。わたしはこの方法については多くを語らなくてよいと思う。

程度の差はあれ、誰もがこのことに気づき心配していたが、元ニューヨーク市長ジョン・リンゼイもその一人で、政治「コマーシャル」を禁止すべきだと提案した。テレビ解説者もこういうことを視聴者に訴えてきたのである。例えば、優れたテレビ連続番組「二〇世紀を行く」のうちの一本「三〇秒間の大統領」を制作したビル・メイヤーズがあげられる。

わたし自身が政治演説《ディスコース》や講演としてのコマーシャルの威力を知ったのは、数年前の個人体験がきっかけだった。その頃わたしはニューヨークにおける上院議員選挙で、ジャコブ・ジェイヴィッツと対立していたラムゼイ・クラークのために、ささやかな任務に就いていた。

政治演説や講演の伝統様式を信じていたクラークは、人種関連問題から中近東に対する核の脅威といった様々な問題について、注意深く自分の立場を述べた文書を集めた資料室を所有していた。それぞれの文書には歴史背景や経済および政治に関わる事実、そして開かれた社会学による展望が述べられていた。しかしクラークは漫画も描くべきだった。ジャコブ・ジェイヴィッツはある意味で漫画を実際に描いた。

もしジェイヴィッツがどの問題についても注意深く自分の立場を文字に書いていたら、結果はどうなっていたかわからない。ジェイヴィッツは画像を駆使した三〇秒間のコマーシャルを使って選挙戦を展開。マクドナルドのコマーシャルとまったく同じように、自分は経験と廉潔と愛国心を備えた人間であると宣伝した。わたしの知る限り、ジェイヴィッツはラムゼイ・クラークと同じように強く理性を信じていたと思う。

だがジェイヴィッツは自分が上院議員になれると、クラークよりも強く確信していた。さらにジェイヴィッツは、わたしたちがどのような時代に生きているかを誰よりもよく心得ていた。テレビその他の視覚媒体の世界では、「政治知識」という意味は自分の頭のなかに言葉よりも画像をしまいこんでいることを意味し、ジェイヴィッツはこのことを十分に理解していた。

当時の記録は彼の直感が正しかったことを裏づけている。ジェイヴィッツはニューヨーク州始まって以来、多数の支持票を得て選挙に勝った。わたしは次のことについて決まり文句をくどくどと述べるつもりはない。すなわちアメリカの中央省庁をめざすまじめな候補者は、国民の集団記憶のなかに刻み込めるような画像を描いてくれる画像管理者の援助を借りなくてはならない。わたしはもう少し後で「画像政治学」に戻るつもりだが、その前にテレビのコマーシャルが政治の演説《ディスコース》や議論を伝える方法を形づくっていった第二の方法について述べたい。

テレビのコマーシャルはアメリカ社会における公共の報道機関のなかで、ただ一つ最も豊富な形式を備えているため、アメリカ人がコマーシャルの原理に適応してしまうのは避けられない。「適応してしまう」と言ったのは、コマーシャルを正常で信頼できる情報の伝達として受け入れることを意味する。

「原理」と言ったのは、コマーシャルが他の情報媒体、特に印刷された文字とは相反するコミュニケーションの性質について、ある仮定条件を自らのうちに深く刻み込んでいるという意味だ。一つには、コマーシャルは前例のないほど短時間で終わる表現をとる。瞬時性と言ってよい。六〇秒のコマーシャルは冗長すぎ、三〇秒は長いほうで、一五秒から二〇秒は普通の長さといえる。

これは意思伝達を行なうにはせっかちでびっくりするような仕組みだが、前に述べたようにコマーシャルはつねに視聴者の心理的欲求を満たすために放送される。単なる精神療法ではなく即席療法である。それどころか独自の原理を秘めた心理学理論を押しつけてくる。つまりコマーシャルは次のようなことを信じさせようとする。

すべての問題が解決できること、それもすばやく解決できること、さらに科学技術、技能、化学を使ってすばやく解決できることを信じさせようとする。これはまさに不平不満の原因になる本末転倒の理論であり、誰に対してもこの理論を聞いたり読んだりできるように見せかけている。

コマーシャルが説明を蔑視しているのは、時間がかかり、論議を生じるからだ。コマーシャルの制作目的が正しいかどうか視聴者を惑わすのは悪いコマーシャルだ。これはほとんどのコマーシャルが擬似寓話のような文学技巧を宣伝の手段として使っている理由だ。「シャツの襟まわりのシミ[*1]」、「なくした旅行小切手」（アメリカン・エキスプレスのCM）、「遠くにいる子どもからの電話」といったコマーシャルに使われている寓話は、無視できない感情を呼びおこす力を秘めているが、『旧約聖書』に出てくる寓話のように明らかに教訓を与える。

『旧約聖書』にあるヨナの物語[*2]が鯨の解剖に関わる物語だという意味で、コマーシャルは宣伝する商品に関わる。ヨナの物語は鯨の解剖に関わる物語ではない。さらに言うなら、コマーシャルは人がどう生きるべきかについて教えてくれる。そのうえ、コマーシャルは鮮明な視覚記号を使うという利点があり、視聴者はその記号を通じて伝えられる教訓を容易に受け入れてしまう。こうした教訓では、長く複雑な文より短く単純なものが良しとされる。説明よりも芝居が好まれ、問題に対する疑問を抱えるより解答を売り物にするほうが好まれる。

これを信じてしまうと、政治演説《ディスコース》や講演への方向づけがきわめて自然に示される。つまりテレビのコマーシャルに由来する政治の領域、あるいはコマーシャルによって大げさに表現された政治の領域に関わる、ごく普通のこととして受け入れてしまう。例えば一〇〇万本ものコマーシャルを見てきた人は、すべての政治問題が簡単な方法によってすばやく解決できる、あるいはすばやく解決すべきだと信じるようになる。あるいは複雑な言語は信頼すべきではない、あるいはすべての問題は演劇の表現をとるべきだ、あるいは議論は悪趣味であり、きわめて不安な気分になるだけだ、と。

また多数のコマーシャルを見てきた人は政治とその他の社会活動とを区別する境界など必要ないと信じるようになる。コマーシャルがスポーツ選手、俳優、音楽家、小説家、科学者、あるいは伯爵夫人などを起用して、彼らの専門領域とは何の関係もない商品の長所を語らせるのと同じように、テレビは政治家を狭く限られた専門領域から開放する。
政治専門の人物は、どこでも、いつでも、何でもやれるから、バカげているとか、でしゃばりだとか、場違いだとは思われなくなる。こうして政治家は有名人となってごく一般のテレビ文化に吸収されてしまう。

有名人になるのと有名になるのとはまったく別物だ。合州国三三代大統領ハリー・トルーマンは有名になったが、有名人ではなかった。国民がトルーマンの姿を見たり演説を聴いたりするとき、トルーマンは話す政治家だった。ハリー・トルーマンや、トルーマン大統領夫人が「ザ・ゴールドバーグス」（一九二九〜四六　ラジオで放送され、四九〜五六年テレビ化された連続ホームコメディ）や「アイ・リメンバー・ママ」（J・V・ドルーテンの戯曲。のちミュージカル化され一九四四年にロングランを記録）にゲスト出演しているのを想像するのは難しい。政治や政治家はこれらの娯楽番組とは何の関係もなく、視聴者は愉しむために娯楽番組を見るのであって、政治候補者や政治課題に親しむために見るのではない。

政治家が娯楽番組のネタとして、意図して自分を目立たせるようになったのはいつ頃からか、正確に言い当てるのは難しい。一九五〇年代、上院議員エベレット・ダークセンはテレビ番組「ホワッツ・マイ・ライン」にゲストで出演した。ダークセンが公職に立候補したとき、J・F・ケネディはテレビキャスターのエド・マローの報道番組「パーソン・トゥ・パーソン」の撮影チームを自宅に招いた。ダークセンがまだ立候補していないとき、リチャード・ニクソンはテレビのコマーシャル形式に基づいて制作された一時間のコメディ番組「ラーフ・イン」に数秒間出演した。一九七〇年代、国民は政治家がショー・ビジネスの一部になっているということに慣れ始めた。

こうした傾向は一九八〇年代になってさらに強まる。副大統領候補のウィリアム・ミラーはアメリカン・エキスプレスのコマーシャルに出演。ウォーターゲイト聴聞会で有名になったサム・アービン上院議員も同じコマーシャルに出演。元大統領ジェラルド・フォードは元国務長官ヘンリー・キッシンジャーとともに連続メロドラマ「ダイナスティ」に出演。マサチューセッツ州知事のマイク・デュカキスは病院を舞台にした連続ドラマ「セント・エルズホエア」に出演。ティップ・オニール下院議長は連続ホームコメディ「チアーズ」に下院議員役で出演。消費者運動家のラルフ・ネイダー、ジョージ・マクガバン、エドワード・コッホ市長が音楽番組「サタデイ・ナイト・ライブ」のホストを務める。

コッホは映画俳優ジェームズ・キャグニーがテレビ・ドラマに出演した際、ボクシングのセコンド役で出演。元大統領夫人ナンシー・レーガンは連続ホームコメディ「ディフェレント・ストローク」に出演。もうこうなると、ゲイリー・ハート上院議員が警察署を舞台にした連続ドラマ「ヒル・ストリート・ブルース」に出演して、ジェラルディン・フェラロ下院議員が映画監督フランシス・コッポラの作品にニューヨーク市自治区クイーンズに住む主婦役で出演しても、誰も驚かない。

政治家であり有名人でもあること自体が政党の存在をあいまいにするというのは言いすぎかもしれないが、政治家として有名になっていくことと、有名人として人気がなくなることには、たしかに明白な関連性がある。

読者には心当たりの方もおられると思うが、投票者が候補者のことを知らない場合や、候補者の性格や生き方について何も知らない場合がある。わたしは若い頃、選挙戦があった一一月だったが、民主党の市長候補者に投票することをためらっていた。その候補者はどう見ても無知で堕落しているように見えたからだ。

わたしの父はこう言った。「それとこれと何の関係があるんだ？　民主党の候補者など、みな無知で堕落している。おまえは共和党に勝たせたいのか？」。父が言いたかったのは、知性のある投票者は経済利益と社会問題についての政策を大切にする政党を好むということだった。父にとって「良い人間」に投票するなどというのはもっての外で、素人くさく見当違いも甚だしいことだった。

共和党に良い人間がいることを決して疑っていたわけではない。ただ共和党員は自分の階級のために代弁してくれないと信じていた。父はニューヨーク市のタマニー・ホール[*3]に本部を置くタマニー協会の指導者ビッグ・ティム・サリヴァンの見解をゆるぎなく信じていた。随筆家のテレンス・モランが「一九八四年の政治」で述べていることだが、ティム・サリヴァンは自分の選挙区で民主党支持が六三八二名、共和党支持が二名いたというニュースに腹を立てた。サリヴァンは不満足な結果についてこう言った。「そうさ、ケリーは女房のいとこが共和党路線を支持しているなんて言わなかったじゃないか、私だってケリーに選挙区内の安定のために共和党に投票させせろなんて言わなかった。私が知りたいのは別にもう一人、誰が共和党を支持したかだ」。

こうした見方についてここで議論するつもりはない。党外にいる良い人間を選ぶ場合もあるだろうが、わたしはそういう例を知らない。ここでの要点はテレビを通じて良い人間など選べないことだ。テレビではこの人よりもあの人のほうが良いという判断をくだすことができない。「あの人のほうが良い」と言うのは、交渉をうまくできるとか、管理者として想像力があるとか、国際問題についてよく知っているという意味だが、テレビではそういう判断をくだせない。理由はひとえにテレビは「画像」に関わるからだ。政治家が自分には最良の見識があると見せたがるというのがその理由ではない。自分の画像に気をとられていない政治家はいるのだろうか？

好印象を与えたいと思っていない人間はまれであり、それは深い不安を抱えている人間だけである。しかしテレビは悪名高い人にも画像を与えてしまう。テレビ出演した政治家は、視聴者に自分の印象を与えるのではなく、視聴者が抱いている印象を自分に与える。コマーシャルが政治の思想伝達《ディスコース》におよぼす、最も強力な影響力が幾つかあるが、これはその一つだ。

画像を操る政治がテレビでどう使われているかを理解するには、本章の前半分に使った人気のあるコマーシャルが手がかりになる。ベル・テレフォンのコマーシャルに使われた一連の物語のことで、スティーブ・ホーン氏によって制作されたものだ。視聴者に「手を伸ばそう、誰かに会おう」と呼びかける。「誰か」とはデンバーか、ロサンジェルス、アトランタあたりに住んでいる親戚のことで、いずれにせよ、わたしたちが住んでいるところからは遠い場所に住み、運が良ければ景気の良い年に感謝祭で再会するような相手。その「誰か」はわたしたちの人生にとって日々重要な役割を果たしている人でもある。

言ってみれば、家族の一員のような人。アメリカ文化は家族というものに積極的に反抗するむきがあるが、家族にはなお小言屋が残っているもので、その人と縁を切ってしまうと、自分の人生にとって何か重要なものが失われたという感じになる。ホーン氏の制作したコマーシャルの話に入ろう。

三〇秒間のコマーシャルが与える教訓は、親密さというものを新たに定義しなおし、電話が古風な家族生活に取って代わったことを暗示している。さらにこのコマーシャルは、自動車やジェット機やその他の交通手段によってバラバラに解体されてしまった家族にとって、家族を結びつける新たな概念を暗示する。

報道研究者ジェイ・ローゼンはこのコマーシャルを分析して、以下のような考えを示した。「ホーンは何かを主張しているのではなく、視聴者に理解してもらいたいメッセージがあるわけでもない。ホーンの目的はベルについての情報を提供することではなく、親族の結びつきを失った多数のアメリカ人から、電話に託した視聴者の心情をどのように引き出すかということだ。……ホーンは自分の意見を表現したのではない。視聴者が自分の意見を表現したのではない。ホーンが視聴者を表現したのだ」。

これは完成度の高いコマーシャルを見るときの訓練といえる。視聴者に標語や象徴や視点を与えて、親しみやすく引き込まれそうな視聴者自身の画像を創り出す。政党政治からテレビ政治に移行する過程でも、同じような目的が与えられる。大統領や市長や上院議員になる適任者は誰なのかを教えられるのではなく、欲求不満の深い根に触れてなだめてくれる最良の画像はどれなのかを教えられる。わたしたちはテレビ画面を見ながら、「白雪姫と七人の小人」に出てくる王女のように欲深い質問をする。

「鏡よ、鏡、世界で一番美しいのは誰なの？」わたしたちは画面に映った画像が示す人格や家庭生活や容姿に従って、王女が受け取る答えよりずっと好ましい答えを返してくれそうな人物に投票しがちだ。古代ギリシャの歴史家クセノフォンが二五世紀も前に言ったように、人間は自らの姿をまねて神を造る。だが、現代のテレビ政治は新たな妙案をくわえた。神になりたいと思う者は、視聴者がなりたいと願っている画像をまねて自らを造る。

こうして画像政治は自分の利益のための投票という考え方を残したが、自分の利益という意味を変えてしまった。ビッグ・ティム・サリヴァンやわたしの父は、自分たちの利益を代弁する政党に投票したが、二人にとっての「利益」とは具体的なもの、つまり権利の擁護、特恵措置、官僚制度からの保護、組合や地域に対する支援、貧困な家庭に感謝祭の七面鳥を配ることを意味した。

こうした基準から考えると、アメリカにおける黒人層は純粋な動機を持った投票者だと考えられる。黒人以外の人々は自分の利益のために投票するが、黒人は広く有権者の象徴であり、いわば有権者の心理的な本性に関わる象徴である。テレビのコマーシャルと同じように、画像政治が擬似治療の形式をとるのは、魅力、かっこよさ、有名人、私生活の暴露などが大きく関わっているからだ。

エイブラハム・リンカーンの笑っている写真がないことや、妻がおそらく精神病質者であったこと、またリンカーンがうつ病の長い発作に苦しめられていたことなどを思い起こすと、現実というものを思い知らされた気がする。リンカーンは画像政治には不向きであった。

わたしたちは自分が見ている鏡が暗くならないように、娯楽番組が無くならないように願っている。わたしが言いたいのは、テレビのコマーシャルそのものが心理効果を上げるために商品についての信頼できる情報を消し去っているように、画像政治そのものも心理効果を上げるために信頼できる政治の本質を消し去っているということだ。

従って歴史はこうした画像政治の時代には重要な役割を果たさない。何故なら、歴史は次のようにまじめに考える人だけに価値があるからだ。すなわち過去には現在を豊かにするための伝統があるという考え方だ。スコットランドの歴史家トーマス・カーライルはこう言っている。
「過去とは世界そのものであり、灰色にぼやけた虚空ではない」。

しかし、カーライルがこのように書いたのは、本がまじめな過去のできごと《パブリック・ディスコース》を伝えることの中心となる情報媒体であった時代だ。**すべての本は歴史だ。**説明を時系列に沿って説明する様式で述べる方法から、記述形式として過去形が最も相応しいということまで、本に書いてあるすべてのことが一時代前のことである。

本は一貫性のある過去、われわれと関わりのある過去という感覚をはぐくんだが、本以前にも本以降にもそのような情報媒体はなかった。カーライルが理解していたように、本に書かれている会話のなかでは、歴史は単なる過去の世界ではなく今ここにある世界になる。現在という時制は本のなかでは影が薄くなる。

だがテレビは光速情報媒体であり、現在を中心にした情報媒体でもある。テレビが使う語法は、言ってみれば過去を振り返ることを許さない。動画で表現されていることはすべて「現在」起こっていることとして経験され、過去に撮影されたビデオテープを放送する場合、視聴者が見ている画像は数ヶ月前のものだと**言語によって**説明されねばならない。さらにテレビの祖先である電信と同じように、テレビは情報の断片を移動させるだけで、情報を収集したり構成したりする必要はない。

カーライルは自ら考えていた以上の予言をしていた。灰色にぼやけた虚空というのは、文字通り画像が映っていない虚空であり、テレビが見せる歴史という概念を表す適切な譬え《メタファー》だ。シヨー・ビジネスと画像政治の時代になり、政治演説《ディスコース》や議論は観念でできた内容を消し去り、歴史の内容をも消し去った。

一九八〇年のノーベル文学賞に選ばれたポーランドの詩人、チェスワフ・ミウォシュは、ストックホルムでの受賞演説で、現代は「記憶を拒む」時代だと述べている。幾つかの根拠のうち、過去にホロコーストが行なわれたことを否認する出版物が一〇〇冊以上にのぼるという驚くべき事実をあげている。

わたしの意見だが、アメリカの歴史家カール・ショースクもこの事実を認めるようになり、歴史が現代人の精神にとって無用になってきたため、歴史について無関心になってきたと指摘している。

言い換えると、頑固や無知によって無関心になったのではなく、関連性を見失う感覚によって無関心になり、歴史を衰退させていくことになる。一九六五年にホワイトハウスの報道秘書官を務めたアメリカの報道者ビル・メイヤーズはさらにこの事実に近づき、次のように述べている。

「わたしの仕事が……いま話題になっている記憶喪失がはびこる不安な時代になるのを助長しているのではないかと心配だ……。わたしたちアメリカ人は最近二四時間以内に起こったことについてはよく知っているが、過ぎ去った六世紀や六年に起こったことについてはほとんど知らない」[*4]。

前出のテレンス・モランの次の発言はまさに的を射ていると思うが、テレビという情報媒体の構造には画像や断片だけを与えるという偏りがあるので、歴史を見る視野をはぐくめないとしている。連続性や文脈が見失われている状況のなかで、モランは次のように述べている。「理解可能で一貫性のある全体へと情報の細部を統合できなくなった」。

わたしたちは記憶することを拒んではならず、記憶することがまったく無用だと考えてはならない。もっと正確に言うと、わたしたちは記憶することが下手になってきている。もし記憶することに懐古趣味以上の価値があるとすれば、記憶するためには文脈の基礎となる理論や展望や一つの喩え《メタファー》が必要となる。文脈の基礎があれば、事実を構成し形式を識別できる。画像による政治や瞬時に届くニュースは、何かを提供しようとしても、実際には妨害してしまう。見つめている鏡は、今日は自分が何を着ているかを記録するだけである。昨日については沈黙している。

テレビによって、連続してはいるが一貫性のない現在へと、わたしたちは飛び移る。自動車王のヘンリー・フォードは「歴史はでたらめだ」と言った。フォードは活版印刷時代に生きた楽観主義者だった。テレビはコンセントの差込口を通じてこう答える、「歴史など存在しない」。

これらの推測が正しいとすると、オーウェルはこうした意味においても間違っていたことになる。少なくとも欧米の民主主義については間違っていた。彼は歴史の解体を思い描いていたが、解体は国家によって行なわれると信じ、『一九八四年』に描かれている真実省のような組織が、意図して不都合な事実を消し去り、過去の記録を抹消すると考えていた。

確かに、このような事態はソ連や現在のオセアニア（『一九八四年』で三分割された世界の国家の一つのような国）で起こっている。しかしハクスリーはこうした事態をもっと正確に予言しており、何もそれほど露骨に行なわれなくてもよいことを知っていた。画像による政治や瞬時性や心理療法を国民に提供するように見える、うわべでは恩恵を与えてくれそうな技術が、実は効率良く、あるいはより恒久的に、誰からも反対されることなく、歴史を消滅させることもある。

オーウェルではなくハクスリーに注目すべき理由は、テレビやその他の画像を使用する情報媒体が自由民主主義の基盤に対して、すなわち情報選択の自由に対して脅威を与えようとしていることを理解しなければならないからだ。オーウェルはきわめて適切に国家が露骨に圧力をかけ、情報の流れを操作し、とくに本の出版を阻止すると推測した。

この予言については、オーウェルが力強く歴史の流れを味方につけていた。何故なら、本が意思伝達の環境のなかで重要な位置を占めていた時代には、多少の差はあれ検閲されてしまうからだ。古代中国では、孔子の『論語』が秦の始皇帝によって焚書にされた。

古代ローマの詩人オウィディウスが皇帝アウグストゥスによりローマから追放されたのは、オウィディウスが『恋愛術』を書いたからだ。知力に秀でることの模範を示したギリシャにおいてさえ、書き物は警戒しながら読まれた。

イギリスの詩人ジョン・ミルトンは論文『言論の自由』において、ギリシャ古典文芸の書物が検閲された多数の例について優れた考察を行なっており、ギリシャの哲学者プロタゴラスの一作品が焚書にされたのは、プロタゴラスは神が存在するかどうか自分にはわからないと文頭で告白しているからだと指摘した。

しかしミルトンは自分の時代よりも過去の時代に行なわれた検閲については注意深く意見を述べており、「統治者が注意を向ける」本には二種類あるとしている。冒涜する本と、反抗する本だ。ミルトンはグーテンベルグの時代から二〇〇年後に論文を書いて、彼の時代の統治者は、もし反対する者がいなければ、考えうるどのような類の書物をも許可しないだろうということを知っていたために、この点を強調しているのだ。

つまり検閲制度が活躍の場を見つけたのは印刷機のなかであり、そして実際に情報と思想は印刷機の時代が成熟するまで、文化に関わる根深い問題にはならないことを、ミルトンは明確に知っていた。書かれた言葉にどのような危険が潜んでいようと、その言葉が印刷機で印刷されると、その一〇〇倍もの脅威となる。

さらに活版印刷機から生じる問題は、すでに過ぎ去った時代でも確認されていた。イングランド王ヘンリー八世によって設立された星室裁判所（一五世紀に設立された専断と偏見に満ちた裁判所）は、国王の命令に背く本を検閲することを認められた。エリザベス一世（ザ・ステュアーツ）や、グーテンベルグ以降の君主たちもこれを認めた。

このうちローマ教皇パウルス四世の統治下では、最初の禁書目録が作成された。アメリカの社会学者デヴィッド・リースマンは、印刷機の時代に情報は精神にとって火薬であるときわめて短く述べている。かくして質素な長外衣をまとった検閲機関が爆発の危機をかわすことになる。

このように、オーウェルは(1)政府が統制を加えるのは(2)欧米の民主主義に対して深刻な脅威となる印刷物であると考えていた。オーウェルはこの二つの点で誤っていた。もちろん、ロシア、中国、その他の前電気機器文明の時代については、オーウェルの考えが正しかった。要するに、オーウェルは印刷時代の問題に取り組んでいた。これは合州国憲法を書いた人たちが取り組んできた問題でもあった。

合州国憲法は多くの自由人がチラシ、新聞、話し言葉を通じて、自分たちの地域社会に語りかけた時代に制定されたものであった。制定者たちは適切に管理できた形式や文脈によって、政治についての考え方を互いに分かち合える地位にあった。従って制定者が最も心配していたのは政府による専制政治であった。

権利章典は政府が情報や思想の流れを統制するのを予防するための法規であった。だが建国の父たちは政府による専制政治がまったく異なる種類の問題にすり替わることを予見できなかった。つまり、その問題とはテレビを通じてアメリカにおける公的な意思伝達《パブリック・ディスコース》の流れを今まさに統制している企業優先国家のことだ。

わたしはこの事実について、少なくともここでは強く反対しないし、企業優先国家に対してありきたりの不平不満をこぼすつもりもない。わたしはこの事実について、アネンバーグ・スクール・オブ・コミュニケーション[*5]の学部長ジョージ・ガーブナーが書いているような懸念を示すにとどめる。

「テレビは米国の三大ネットワークという私的文化省によって運営される新たな国の宗教となり、公表されることのない隠れた課税制度によって資金が賄われる大学教育をすべての人に提供している。手を洗うときは税金を払い、テレビを見るときは払わなくていいが、どちらにせよ注意してテレビを見なければならない……」[*6]。

同じ随筆のもう少し前で、ガーブナーはこう書いている。

「テレビのスイッチを消してもテレビから解放されない。テレビは多数の人にとって昼夜かまわず見られるもっとも魅力あるものだ。わたしたちは膨大な数の人々がテレビをつけたまま過ごしている世界に生きている。ブラウン管から話題を入手できないときは、他の人から入手できる」。

ガーブナー教授はここで、「文化省」を運営している人たちに象徴世界を管理する陰謀があると言っているのではない。また、アネンバーグ・スクール・オブ・コミュニケーションの教授団が三大ネットワークを乗っ取っても視聴者は気づかないだろうとするわたしの意見に、教授は賛成しないと思う。わたしはどのような場合であろうと信じて疑わないが、テレビの時代にあって、教授は次のことを言っている。

情報環境は英国が米国の独立を承認した一七八三年のそれとは大きく異なること。わたしたち視聴者は政府の統制よりもテレビを見飽きることを恐れていること。事実、わたしたちは企業優先国家のアメリカが撒き散らした情報から、わたしたち自身を守るすべを知らないこと。従って自由を求める戦いは今までとは異なる環境で行なわねばならないこと。

あえて言いたいのだが、学校の図書館や教育課程から本を排除しようとすることに反対する旧来の市民自由主義には、もう意味がないとわたしは考えている。そのような検閲制度はもちろん面倒なので反対される。だが検閲制度など取るに足らない。むしろ検閲制度は重要なことから注意を逸らしているのではないだろうか。新しい技術が要求する問題から市民自由主義者の注意を逸らしているのでは。

わかりやすく言うと、誰かがロングアイランド島やアナハイム市やその他どこかで本を禁止したとしても、学生が本を読む自由はそれほど深刻に奪われるわけではない。しかし、ガーブナーが指摘しているのは、言うならばテレビが自ら手を汚すことなく、学生の自由を間違いなく奪うということだ。テレビは本を禁止しないが、単純に本に取って代わる。

検閲制度との戦いは一九世紀のことであり、おおむね二〇世紀には勝利を得た。現在、わたしたちが直面しているのはテレビの経済構造や象徴構造が提起している問題だ。テレビ局の経営者は情報に接近するのを規制しているのではなく、逆に間口を広げている。わたしたちの文化省はハクスリーの世界にあり、オーウェルの世界にはない。

テレビを視聴し続けるように管理していけば、すべてのことが可能になる。わたしたちが見ているのは情報媒体であり、その情報媒体は情報を極度に単純化し、実体を無くし、歴史も無くし、文脈もない形式に変えて、わたしたちに与える。アメリカにいると、テレビによって自分を愉しませる機会を拒否できなくなる。

さまざまな時代の専制君主は、国民の不平不満をなだめる手段として、娯楽を与えればよいことをつねに知っていた。だが、国民が愉しくないものを無視するという状況になろうとは、専制君主も思いいたらなかった。だからこそ専制君主はつねに検閲制度に頼ってきたのであり、現在も頼っている。

結局、検閲制度というものは、国民がまじめな公共向けの情報伝達《ディスコース》と娯楽との差異を知っていながらも興味を持っていると考えた専制君主の思い上がりに対して、専制君主自身が支払った租税だ。過去に存在した国王や、帝王や、総統や、あるいは現在の人民委員が、すべての政治思想《ディスコース》や情報を伝えるのが笑いのネタという形式になると、検閲制度など必要なくなるのを知っていたら、どんなに喜んだことだろう。

〈訳注〉

1　**「襟まわりのシミ」**　洗剤製造会社ウィスクのために、世界最大の広告代理店ＢＢＤＯ（バテン、バートン、ダースティン・アンド・オズボーン）が制作したＣＭコピー。首に触れる襟の内側に生じる黒ずんだシミのこと。

2　**ヨナの物語**　旧約聖書の一書、ヨナ書で語られる物語。ヘブライの預言者ヨナは、海を襲った嵐の責任をとらされ、海に捨てられる。海中で大魚に飲み込まれるが、陸上に吐き出される。ヨナは、転じて凶事をもたらす人という意味がある。

3　**タマニー・ホール**　一七八九年ニューヨーク市に設立された慈善共済組合タマニー協会は、マンハッタンのタマニー・ホールに本部を置いた。民主党はこの協会をもとにして派閥組織をつくり上げた。ボス政治家による支配体制をつくり上げ、不正手段により市政を牛耳った。

4　**「……ほとんど知らない」**　一九八四年三月二七日、ビル・メイヤーズがニューヨークのジュイッシュ・ミュージアムで講演した際に語った言葉。

5　**アネンバーグ・スクール・オブ・コミュニケーション**　南カリフォルニア大学（ＵＳＣ）の一部門として一九七一年に創立された専門大学。正式にはＵＳＣアネンバーグ・スクール・オブ・コミュニケーションという。同系列の部門としてＵＳＣアネンバーグ・スクール・オブ・ジャーナリズムも併設されている。

6　**「テレビは米国の三大ネットワークという……」**　一九八二年四月二六日、ジョージ・ガーブナーがニューヨーク州で開催された第二四回メディア・エコロジー会議で講演した際に語った言葉。

第一〇章　愉しい教育？

その時代はアメリカの子どもや両親や教育者がそろってテレビ番組「セサミ・ストリート」を見た、一九六九年に始まったと言って間違いない。子どもはテレビのコマーシャルを見て育った世代だったので「セサミ・ストリート」が好きになった。テレビの娯楽のなかでもコマーシャルが最も精巧に制作されているのを、子どもは本能で知っている。就学前の子どもや入学したての子どもが一連のコマーシャルによって教育された、というのは奇妙なことではなかった。テレビが子どもを愉しませるのは、当然のことだと考えられた。

両親は「セサミ・ストリート」を見る個人的な理由を根拠にして、自分たちには子どもがテレビを見るのを止められない、あるいは止めないということに対する罪悪感を和らげてくれると考えていた。「セサミ・ストリート」は、四歳から五歳の子どもがテレビ画面の前に釘づけになったまま、とてつもなく長い時間を過ごすのを許してくれるように思えた。朝食のときにどのシリアルを噛むとパリパリという音がするのか、そういうことよりもっと高度なことをテレビが教えてくれるように、両親は心から願っていた。

また、「セサミ・ストリート」は就学前の子どもに読書を教えるという責任から両親を解放してくれた。この責任は子どもを育てるのは手がかかると考えられている文化圏では重要なことだ。「セサミ・ストリート」には欠点もあるが、その時代に行き渡っていたアメリカ精神に共鳴するものだと、両親は素直に認めた。「セサミ・ストリート」は可愛い人形、有名人、親しみやすい音楽、迅速な編集技術を駆使して、確実に子どもに喜びを与え、娯楽志向の文化に組み込んでいく準備を整えた。

教育に携わる人も、たいていの人が「セサミ・ストリート」を認めた。一般の見解とは異なり、教育者が先端技術を使ってより完璧に職務を果たすように言われたら、むしろ快適で新しい方法にとびついたのである。これは「教育者支援」テキストブック（インターネットから無料でダウンロードして印刷できる教科書）、標準テスト、次にはマイクロ・コンピュータによる支援といった考え方が、次々に教室に導入されてきたことを考えればわかる。

「セサミ・ストリート」を見ることは、どのようにアメリカ人に読み方を教えるか、あるいはどうしたら子どもが学校を好きになるかという、成長に関わる問題を解決するための想像力溢れる支援のように思えた。

現在、学校が「セサミ・ストリート」のようであれば、番組を見た子どもは学校を好きになるということを、わたしたちは知っている。つまり、「セサミ・ストリート」が通学という旧来の考え方を根底から変えているのを知っている。教室は社会交流ができる空間であるのに対して、テレビ装置は個人の自宅に置いてある。教室では先生に質問しなくてはならないが、テレビ画面には何も質問しなくてよい。学校は言語教育の中心だが、テレビ画像は見ているだけでいい。

通学は法律上の要請であるのに対して、テレビを見ることは選択を行なったうえでの行動だ。学校では先生から受ける懲罰を恐れて先生と向き合おうとしないが、テレビ画面は別に向き合わなくても懲罰は与えられない。学校で行儀よく振る舞うのは社会慣習に従うということなのに、テレビを見るのは従うことではなく社会慣習という意味も持たない。教室での愉しみは教育の目的に沿った手段ではないが、テレビでの愉しみは教育の目的そのものとなる。

だが、「セサミ・ストリート」とその後継番組にあたる「ジ・エレクトリック・カンパニー」（「セサミ……」と同じ制作会社が一九七一〜七七年放送した小学生に読み方を教える番組）は、伝統ある教室がなくなったことを笑い飛ばしたといって批判されるべきではない。現在の教室は、学習の場として単調で退屈な環境になってきており、責任を問われるのは番組を制作したチルドレンズ・テレビジョン・ワークショップ〈CTW〉[*1]ではなく、テレビの発明者自身であるべきだ。

愉しい娯楽番組が制作されるのを期待している人に、教室が何のためにあるかについて関心をもたせようとしても無駄なことだ。そういう人たちはテレビが何のためにあるかについて関心をもっている。これは「セサミ・ストリート」が教育に関わる番組という意味だ。すべてのテレビ番組が教育に関わるという意味で、「セサミ・ストリート」は教育に関わっている。

どのような本でも本を読むことが特定の学習志向をはぐくむのなら、テレビ番組を見ることも特定の学習志向をはぐくむ。テレビ番組「大草原の小さな家」[*2]、「チアーズ」（一九八二～九三年にNBCが放送し最高視聴率を記録した連続コメディ）、「ザ・トゥナイト・ショー」（イントロダクションP.12参照）は、「セサミ・ストリート」のようにテレビ方式の学習を教えてくれる。テレビ方式の学習には偏りがあるという性質が見られるので、読書による学習やそれを補う学校での学習に対して敵意を示す。

何らかの理由で「セサミ・ストリート」を非難するとすれば、「セサミ・ストリート」という番組は教室と同類だという欺瞞を非難しなければならない。結局、そのような非難はCTWの法人設立や公共投資に関わる主要な要望であったはずだ。「セサミ・ストリート」は娯楽番組あるいは人気番組として、子どもを励まし学校に好意を持たせることもできず、学校に対して何らかの貢献を果たすこともできなかった。「セサミ・ストリート」は子どもたちをテレビ好きにしただけであった。

さらに重要なことを付け加えると、「セサミ・ストリート」が子どもに文字や数を教えるというのは完全に間違っている。ここではアメリカの哲学者ジョン・デューイの意見をわたしたちの指針にするが、デューイは学習に関わる授業の内容がそれほど重要ではないと言っている。著書『経験と教育』にはこう書かれている、「そのときに学んでいることだけが学習であるというのは、教育者ぶった誤った考え方である。辛抱強く学ぶ態度を学習することこそ……綴り方や、地理や歴史の授業よりもずっと大切なことである……こうした態度こそ将来において重要な基礎になるだろう」。

言い換えれば、学習で最も重要なのはどのように学習するかということだ。デューイは別の箇所で、自分の学習態度を学ぶと書いている。テレビはテレビをどのように視聴するかを子どもに教育する。そしてテレビの視聴方法は教室が子どもに要求していることとまったく異なるのだが、これは本を読むことが舞台のショーを見ることとはまったく異なるのと同じだ。

教育制度をどのように改革していくかという問題について、最近の様々な意見を聞いても納得できないのは、本を読むのとテレビを見るのとでは、何を学習するのかという意味がまったく異なってくるからであり、このことは現代のアメリカにおいて最優先されるべき教育の課題だ。西欧教育史における三番目の重大な危機に直面しているという点では、そうした傾向がアメリカにおいて最も顕著に現われている。最初の危機は紀元前五世紀、アテネ人が口述文化から文字文化へ移行していった時代だ。

この意味を理解するには、プラトンを読まねばならない。第二の危機は一六世紀、ヨーロッパ人が印刷術の影響を受け急速な変化を経験した時代。この意味を理解するには、ジョン・ロックを読まねばならない。第三の危機は現代のアメリカで、電気がもたらした改革の結果であり、とくにテレビの発明による影響を受けた。この意味を理解するには、マーシャル・マクルーハンを読まなければならない。

ゆっくり動く印刷機の言葉によって、教育が築き上げられたという想定はいまや急速に消滅し、光速で機能する電子画像に基づく新しい教育が同じように急速に出現したという状況に、現在のわたしたちは直面している。現在、教室での教育はいまだに印刷された言葉によって行なわれているが、このような傾向は弱まっている。

一方、テレビは情報媒体の最前線に飛び出し、先行した技術情報媒体に遠慮することなく、知識についての概念と知識がどのように入手できるかについての新たな概念を創り出している。次のことはまったく正しい事実と言える。

すなわち巨大な教育関連企業は、教室ではなく家庭のテレビ装置の前で、学校の理事や教師ではなくネットワーク管理者やエンタテイナーが行なう管理によって、この国における教育事業に着手しようとしている。こうした状況が何らかの陰謀によって浮上したとか、テレビ界の支配者が教育を引き受けたがっているなどと言っているのではない。わたしが言いたいのは、テレビがアルファベットや印刷機のように、若者の時間や注意力や認識習慣を支配する機能によって、教育を制御する原動力を得たということだ。

テレビを教育課程と呼ぶのは正しいことだと思っている。教育課程という言葉によって理解しているのは、教育課程が特別に作られた情報環境であり、その目的は若者の精神や性格に影響を及ぼし、養育したり教化したりすることにあるということだ。テレビは正確にそういうことを容赦なく実行する。そうして学校の教育課程と競り合って勝利をおさめる。つまり学校の教育課程を破滅させ、消滅させてしまう。

わたしは自著『保護活動としての教育』で、これら二つの教育課程、テレビと学校が敵対する傾向を詳細に述べたが、ここでは同じ分析を繰り返して読者を煩わせたくない。だがこの本のなかで強調しなかったことを二点だけ本書で取り上げてみたい、そのことが本書の主題となるからだ。第一に、テレビが教育哲学に貢献したことは、教えることと愉しむことが切り離せないという考え方。このまったく独創的な概念は、孔子、プラトン、キケロ、ロック、ジョン・デューイが残した、どの教育論のなかにも発見できない。

教育の文献を探してみると、子どもは学習している対象のなかに自分が興味を抱けるものを発見した時、最もよく学習すると言った人がいる。プラトンとデューイも同じことを言っているが、その理由は子どもが揺るぎない感情という基盤に包まれているとき、最良の教育が行なわれるからだ。愛情をもった優しい教師による教育が最良のものだという意見もある。

しかし教育がエンタテイメントである場合、重要な学習が効率よく、長続きしながら、真に実現できると発言した人、あるいは暗示した人はいない。教育哲学者は子どもが文化様式に順応していくのは困難だと言ってきたが、理由は不当な抑制を与えるからだ。彼らは次のように主張している。

学習していくには段階があるはずだから、忍耐やある程度の努力はどうしても必要なこと。集団が結束していくには個人の愉しみを犠牲にしなければならないこと。物事を批評するための学習や、概念を持って厳密に思考するための学習は、若い人にとって生易しいものではなく、苦労して身につけなくてはならないこと。

キケロが述べているように、教育の目的は現実という抑圧から学生を解放することであるが、これとは正反対のことに取り組んでいる若者、つまり現実に順応しようと努力している若者にとって、現実の抑圧は愉しいものではない。

そこで、テレビは前記の条件すべてに対して、誘惑に満ちた、前述したようなテレビ独自の選択肢を示す。テレビが提示してくる教育哲学には三つの戒めが存在する。これら三戒の影響はどのようなテレビ番組でも観察できる。「セサミ・ストリート」に始まり、「ノヴァ」[*3]や「ザ・ナショナル・ジオグラフィック」[*4]といったドキュメンタリー番組、そしてＭＴＶの「ファンタジー・アイランド」（一九七八〜八四年にＡＢＣが放送した連続ファンタジー・アドベンチャー物語）まで、どの番組でも観察できる。三戒とは以下の通り。

汝、必修科目を学ぶことなかれ

すべてのテレビ番組は本質的に完全にまとまったものでなければならない。いかなる予備知識も求めない。学習することが分類体系を基にしたものであることや、知識の体系が基礎にあることを、示唆するものであってはならない。学習者は予備知識がなくても、どのような時点からでも先入観を持たずに参加できる。番組が始まる前に、前回の番組を見ていないと番組がわからないというような警告を教えたり表示しないのはそのためである。

テレビは学年別になっていない授業であり、どのような理由でも、またどのような時間帯でも、視聴する者を拒まない。つまり、教育における因果の連鎖や連続性という考え方を無視すれば、テレビは因果の連鎖や連続性が思考そのものに影響を与えるという考え方を取り崩していける。

汝、難題をもって困惑することなかれ

テレビの授業で視聴者を困惑させてしまうと視聴率低下へとつながる。困惑した学習者は別の局にチャンネルを変えてしまう。記憶すべきこと、学習すべきこと、応用すべきこと、さらに最悪な、忍耐すべきことなどあってはならないという意味だ。どのような情報や物語や考え方も即座に利用しなければならないのは、学習者の満足こそ重要であるからで、学習者の成長が重要なのではない。

汝、エジプトを見舞った一〇の災厄に見舞われることなし

すべてのテレビ教育の敵は因果の連鎖や連続性であるが、最も手に負えないのは説明である。

論争、仮説、議論、理由、論破、あるいは道理にかなった言葉《ディスコース》で意思を伝えるといった伝統手段は、テレビをラジオに変え、悪くすればテレビを三流の印刷物に変えてしまう。テレビ教育はつねに物語形式によって、かつ壮大な映像と音楽の支援を得て行なわれる。「スタートレック」や「コスモス」（第六章参照）でも、「ディフェレント・ストロークス」（一九七八～八五年にＡＢＣが放送したコメディ）や「セサミ・ストリート」でも、「ノヴァ」のコマーシャルでも同じことだ。テレビは劇場向けの脈絡として視覚化され、劇場向けの脈絡に置き換えられた教育を行なう。

必修科目や困惑や説明を伴わない教育に適切な名称をつけるなら、エンタテイメントがよい。そして睡眠時間はさておき、アメリカ人の若者がテレビを視聴する時間以外のめぼしい活動は見当たらず、膨大な数の人々がテレビによる再教育へと方向づけられているのは間違いない。

このことはわたしが強調したい第二の論点につながる。この新たな再教育がもたらす結果は、教室での教育成果が低下してくることに見られるだけでなく、矛盾しているようだが、教室そのものが模様替えされ、授業と学習の両方が大いに愉しめる活動になることを意図した場所に変えていくことにも見られる。

すでに述べたようにフィラデルフィアで行なわれた実験では、教室がロック・コンサート会場に変わってしまった。しかし、これは教育をエンタテイメントという様式に変えようとする最も愚かな試みにすぎない。大学を卒業して小学生を教えている先生たちは、次のような試みを行なっている。自分の授業における視覚刺激をふやす。生徒が取り組まねばならない説明を減らす。読み書きを教える勤務を減らす。生徒たちの関心をひきつける教育方法がエンタテイメントであることをしぶしぶ認める。

この章の後半では、先生たちが自分の教室を二流のテレビ番組に変身させようとした例（なかには無意識に行なわれたものもあるが）を簡単にあげることができる。だがここでは「ミミの大冒険」を紹介することにとどめたいが、これは新しい教育を賛美するものではないにしろ、新しい教育を統合するものと考えられる。

「ミミの大冒険」は、教育界で最も信頼のおける組織を集めて、高額の資金を費やした科学および数学に関わる企画だ。組織とは合州国教育省、バンク・ストリート・カレッジ・オブ・エデュケーション、パブリック・ブロードキャスティング・システム、そして出版社のホルト・ラインハート・アンド・ウィンストン社。

この企画は教育省から与えられた三五六万ドルの助成金によって実現したが、教育省は教育の未来を託せる企画に資金をあてようと、いつも手探りしていた。その未来が「ミミの大冒険」であった。企画の内容を簡潔に述べるため、一九八四年八月七日付の「ニューヨーク・タイムズ」紙から引用する。

「二六回のシリーズを中心に企画された番組で、クジラの生態を調べるために海に浮かぶ研究所の冒険を描く。（このプロジェクトは）テレビ画像と、多数の図版を掲載した本、そしてコンピュータゲームを結んで、科学者や航海士の行動をシミュレートするという企画……。

『ミミの大冒険』は一五分間の番組を中心に、メイン州の沖を行くザトウクジラの生態を観察するため、航海に出発した二人の科学者と気難しい船長と、航海に同行した四人の子どもたちの冒険を描いている。七人はマグロを追うトロール船を装った船を操縦し、ザトウクジラを追い、嵐に巻き込まれて船体を壊され、無人島で生きのびることになる。

劇的なエピソードが放送された後、関連するテーマを示すドキュメンタリー番組が一五分間続く。このドキュメンタリーの一部では、十代の俳優がロングアイランドのグリーンポートで海洋を凍結させて海水を純化する方法を発見した核物理学者テッド・テイラーをたずねる。

このテレビ番組は教職員が自由に録画でき、どのように使ってもよい。またこの番組は数冊の本とコンピュータの実技が伴い、物語の筋にそって提示される四つの学術的課題を取りあげる。地図の解読、航海術、クジラとその生態系、そしてコンピュータを使った読み書き」。

番組はＰＢＳを通じて放送され、本とコンピュータはホルト・ラインハート・アンド・ウィンストン社によって提供された。教育についての専門技術はバンク・ストリート・カレッジの教職員が担当した。従って「ミミの大冒険」は軽々しく扱える番組ではない。

教育省のフランク・ウィスローはこう語っている。「私たちが行なっている事業のなかでもっとも優れた番組だと考えている。他の番組がまねるべき模範と言える」。この企画に参加した人々は興奮気味で、その成果を評価する意見が弾むように口をついて出てくる。ホルト・ラインハート・ウィンストン社のジャニス・トレビ・リチャーズはこう語っている。「調査結果によると、情報が劇的な設定のなかで提示されると学習力が伸びる、テレビはこの点で他の情報媒体よりずっと優れている」。

教育省の職員によると、テレビ、印刷物、コンピュータという三つの情報媒体を統合する試みは、高度な思考能力を開発する可能性がある。また、ウィスロー氏によると、「ミミの大冒険」のような企画は、大きな資金の節約につながり、番組が長く続けば「私たちが行なっているなどの事業よりも安くあがる」そうだ。
リチャーズ氏はそのような企画のために資金を調達する方法が多数あるとも述べている。さらにリチャーズ氏は「『セサミ・ストリート』について言えば、調達期間は五、六年かかったが、Tシャツやクッキーを入れる瓶を売れば資金が集まってきた」と述べている。

わたしたちはこの番組が最初の理念から遠く離れてしまったことを思い起こし、「ミミの大冒険」がどういうことを意味するのか考えねばならない。ここで「三つの情報媒体を統合する」とか、「複数の情報媒体による放送」と言われているのは、かつて教職員たちが「音響と画像の援用」と言っていたことであり、生徒が授業に興味を抱くようにという控えめな目的のために使われていた。

さらに数年前、当時教育局と呼ばれていた教育省はWNETに出資して同じような企画を制作。テレビの連続番組「言葉に気をつけて」は、若者が様々な社会問題を手探りする過程で英語を誤用しがちだということを示した。言語学者と教育学者は教職員が毎週の番組に関連づけて利用できる授業を準備した。こうして制作された番組は影響力の大きいものだったが、ジョン・トラボルタのカリスマ性を生かして他局で高視聴率を記録した「おかえり、コター」にはかなわなかった。

しかし「言葉に気をつけて」を見るように言われた生徒が、英語能力を高めたという証拠はどこにもない。日々の商業放送に見られるコマーシャルのめちゃくちゃな英語には不自由しないが、政府が教室での学習の教材として、何故ばかげた言葉を作り出すことに国民の注意を向けようとするのかよくわからない。デヴィッド・サスキンド（一九二〇～七八　テレビ・映画・演劇の製作者・司会者）の番組を録画したビデオテープは、教職員に対して語法の逸脱を十分に示してくれ、セメスター（米国の大学の一学期＝一五～一八週間）にあたる半学期をその分析に費やすことだってできる。

だが、教育省が番組を制作し続けたのは、明らかに十分な根拠があると信じていたからだろう。リチャーズ氏の言葉をもう一度引用する。「情報が劇的な設定のなかで提示されると学習力が伸びる、テレビはこの点で他の情報媒体よりずっと優れている」。この主張に対して最も思いやりのある反論をするなら、その意見は間違っていると言うべきだ。

ジョージ・コムストックと彼の同僚は、番組が取り上げた一般的な話題が人間の行動に与える影響について、認知の過程をも含めた二八〇〇例について研究した。しかし、「情報が劇的な設定のなかで提示されると学習力が伸びる」ということを裏づける根拠を発見できなかった。

コーエンおよびサロモン、メリンゴフ、ジャコビーとホイヤーおよびシェルガ、ストウファーとフロストおよびライボルト、ノイマン、カッツとアドーニおよびパーネス、そしてグンターといった人々がまったく正反対の結論に達した。例えばジャコビー他による研究はこう指摘している。三〇秒間の商業放送番組とコマーシャルの二例について、正誤解答による問題一二問が提示されたが、正しく答えられたのは視聴者全体のわずか三・五%だけであった。

ストウファー他の研究者は、テレビとラジオと印刷物を通じて伝えられるニュースを見聞きして、生徒がどう反応するかを研究した。その結果、印刷物を読むと人名や数字に関する質問については、正しい解答が有意に増えることを発見した。スターンは視聴者の五一%がテレビでニュース番組を見てから四、五分経つと、単独のニュース項目が何であったかを思い出せなかったと報告している。

ウィルソンによると、架空の物語として放送されたニュース番組のうち、普通の視聴者が記憶していたのは二〇%のみだと報告している。カッツやその他の研究者は、一時間のニュース番組で取り上げたどの話題も思い出せなかったのは、全視聴者のうち二一%だったことを発見している。サロモンは自分の研究や他の研究を基にして、「テレビから得た知識は断片化されており、形はあるが、推論に基づいていないようだ。読書から得た知識はその人が蓄積してきた知識に結びついた高度なものであり、推論に基づいている」と結論している。

つまり信頼できる多数の研究が指摘しているのは、テレビを視聴することが大きく学習力を伸ばすことにはならず、高度な秩序を備えた推論による思考力を高める点では印刷物よりも劣っており、学習力を伸ばす可能性が低いということだ。

それはそれとして、研究助成金を得るために誇張された言い回しを信用してはいけない。人間には、重要な計画がうまくいかなくなると自分の願望を根拠のない主張にすりかえてしまう傾向がある。わたしはジャニス・トレビ・リチャーズ氏の熱意を支持する研究に、わたしたちの目を向けさせようとしていることを疑ってはいない。

仮に子どもたちがすでに視聴してきた番組や連続劇よりもずっと多くの番組、それもドラマ化した番組を視聴させようという、不必要な目的のために助成金を手に入れようとするなら、その人はヘラクレス神話なみのハッタリを言わねばならない。

「ミミの大冒険」の重要性は何かというと、内容がテレビ番組にしやすいからという理由で制作されたことだ。登場する生徒たちがザトウクジラの行動を研究するのは何故か？　航海術や地図読解法を学ぶという「学術テーマ」はどれほど重要なのか？　航海術が「学術テーマ」だと考えられたことはなかったし、実際に大都市に住む生徒にとってはまったく役に立たない。「クジラと彼らがすむ環境」が丸一年もの歳月をかけて研究すべき興味あるテーマと判断されたのは何故か？

「ミミの大冒険」は「教育は何に役立つか」ではなく、「テレビは何のために役立つか」という質問をした人物によって創作された。テレビが役立つのは、番組を制作することや、海難事故、海を渡る冒険、気難しい船長、俳優に質問される物理学者、こうした人物や出来事を放送するためだ。これはもちろん「ミミの大冒険」を見ればわかることだ。この冒険状況劇がふんだんに図版を使った本や、コンピュータゲームによって支援されているという事実は、テレビ放送が教育課程を制御するということを強調しているにすぎない。

生徒が熱心に見る本の図版と、生徒が入力するコンピュータゲームは、テレビ番組の内容によって決定されており、他の方法によってではない。この番組で使われた本は聴覚と視覚を愉しませてくれるように見えるが、教育の内容を伝える中心になった媒体はテレビであり、テレビの娯楽番組は教育課程のなかで特別な場を要求しただけだ。

もちろんテレビ番組は授業への関心を高めるのに役立つし、授業に関心を持たせるものとしても使える。しかし、実際に起こっているのは、学校における教育課程の内容がテレビの特性によって決定されていることであり、さらに悪いことにテレビの特性などは明らかに学習すべきではないということだ。

テレビを含む情報媒体は人間の感情傾向や感受性を育てていく手段であるが、生徒がそういう手段を探求していくには、学校の教室こそ最適な場所だと考えられている。生徒が高校を卒業するまでに、およそ一万六〇〇〇時間もの番組を見ることになるので、教育省職員の心の中にも疑問がわいてくるはずだ。誰が生徒にテレビの見方を教え、いつやめるべきかを教えるのだろう？　テレビを見ているときには、内容を批判する準備が整っているのだろうか？

「ミミの大冒険」という企画はこのような疑問を回避しているが、生徒が「セント・エルズホェア」（一九八二～八八年にＮＢＣが放送した病院ドラマ）や「ヒル・ストリート・ブルース」（一九八一～八七年にＮＢＣが放送したシリアスな刑事もの）を見るときと同じ気持ちでドラマに熱中することを望んでいるのだろう。「コンピュータが教える読み書き」と呼ばれているものは、人間の認識にある偏重やコンピュータが社会に与える影響について疑問を投げかけることがない。わたしがあえて述べたいのはこのことであり、これは新時代に生まれる技術について述べる際に最も重要なことでもある。

言い方を変えると、「ミミの大冒険」は次に述べる緻密な方法によって、情報媒体を利用するために三六五万ドルを投入した。すなわち情報媒体の管理者はまるで情報媒体自体が認識機能や政治行動に関わる計画には関連していないように、視聴者を思いやることなく、視聴者に目立たないように、情報媒体を利用した。結局、生徒は何を学んだのか？　いかにも生徒はクジラについて何かを学び、航海術や地図読解について何かを学んだだろうが、そういうことは別の方法でも学べる。

おそらく生徒が学んだのは、学習というものがエンタテイメント形式だということ、もう少し正確に言うと、学習する価値があるものはエンタテイメント形式を採る、あるいはそういう形式を採らなければならないということだ。そして、生徒は教師からロック・ミュージックという情報媒体を通じて英語に見られる八つの品詞を学べと言われても、反抗はしないだろう。社会科の教師が一八一二年戦争[*5]の事実を伝える歌を歌ったらどうだろう。物理の教師がクッキーやTシャツについての授業を行なったらどうだろう。生徒はそう望むだろうし、自分の政治、自分の宗教、自分のニュース、自分の商取引を、愉しい方法で受け入れる準備をするはずだ。

〈訳注〉

1 **チルドレンズ・テレビジョン・ワークショップ** ニューヨークのカーネギー・コーポレーションとアメリカ合州国教育省が設立したテレビ番組制作会社。一九六八年にテレビ番組「セサミ・ストリート」を制作するために設立されたNPO法人で、代表者はジョーン・グランツ・クーニーとロイド・モリセット。

2 **「大草原の小さな家」** 一九七四年から八二年まで米国NBCが放送した、ファミリー・アドベンチャー番組。女性小説家ローラ・I・ワイルダーの自伝を中心にした連作小説を基にした番組。一九八二年までのエピソードは「大草原の小さな家」という題名で、インガルス家の物語が展開する。一九八二〜八三年までは「新・大草原の小さな家」となり、物語はワイルダー家に移ったが、出演者の交代によって視聴率が低下し、米国での放送が中止された。日本ではNHK総合テレビが一九七五〜八二年まで放送し、人気番組となった。

3 **ノヴァ**　一九七四年にマイケル・アンブロジノによって制作された科学ドキュメンタリー番組。人気のある俳優をホストやホステスに配して、科学によって不思議な現象を解読する。「生命の不思議」（一九八三年）、「シャムの双子」（一九九五年）、「X型戦闘機の戦い」（二〇〇三年）など一一作品がエミー賞を獲得。

4 **ザ・ナショナル・ジオグラフィック**　ナショナル・グラフィック・ソサエティーが発行する月刊の科学雑誌。地理、歴史、科学など広い分野にわたる記事を写真やイラストで解説する。現在は印刷出版物とオンライン出版で入手できる。また日本ではケーブルテレビの六五一チャンネルで、ナショナル・グラフィック・チャンネルを視聴できる。

5 **一八一二年戦争**　一八一二年から一五年まで続いた米英戦争。アメリカ合州国とグレートブリテン・ノースアイルランド連合王国が戦ったが、後者の植民地であったカナダのオンタリオ地域、ケベック地域、ノヴァスコチア、バミューダ、ニューファウンドランドも参戦していた。アメリカ側の犠牲者は二二六〇人、ブリテン側の犠牲者は一六〇〇人と言われている。

第一一章　ハクスリーの警告

精神文化を荒廃させてしまう道が二種類ある。一つはジョージ・オーウェルが予言した文化であり、その文化は刑務所となる。もう一つはオールダス・ハクスリーが予言した文化であり、その文化はコントとなる。

わたしたちの世界には、オーウェルの寓話が正確に描いたような多数の刑務所型文化によって傷つけられた国があることを思い起こすまでもない。オーウェルの『一九八四年』[*1]と『動物農場』[*2]を読み、さらにアーサー・ケストラーの『真昼の暗黒』[*3]を読むと、今まさに多数の国で多数の人々に対して機能している、思考制御装置の正確な設計図を手にできる。

もちろん、オーウェルは専制政治がもたらす精神の荒廃について教えてくれた最初の人物ではない。オーウェル作品のかけがえのなさは、専制主義の管理者が右翼であろうが左翼であろうが、たいして変わりはないという主張にある。どちらにせよ刑務所の門は固く閉ざされ、監視は厳しく、偶像崇拝は勢力をふるっている。

ハクスリーが教えてくれることは、先端技術の時代にあって、猜疑や憎悪が表情に現われている敵ではなく、笑みを浮かべた敵が精神の荒廃をもたらすということだ。ハクスリーの予言によると、ビッグ・ブラザー（『一九八四年』に登場する全体主義国家の党首）は自らの選択によってわたしたちを見つめない。わたしたちのほうが自らの選択によって彼を見つめる。

オーウェルの小説に出てくる真実省の監視者や門は必要としない。人間がつまらないことで気を紛らわすようになったとき、文化生活がエンタテイメントの絶え間ない繰り返しになったとき、まじめな公的会話が幼児言葉になったとき、もっと簡単に言うと、人間が観客になり公共事業が寄席演芸《ヴォードヴィル》になったとき、国民は危機に陥ったことを知る。文化は確実に消滅する。

オーウェルの予言はアメリカでは実現し難いようだが、ハクスリーの予言は実現に向けてかなり準備が整っている。何故ならアメリカは世界でも最も大規模な実験に取り組み、人はコンセントを使う技術がもたらす放心状態に順応しているからだ。実験は一九世紀半ばに始まり二〇世紀の後半になり、テレビとの熱烈な恋愛関係が誤った爛熟期に達している。

世界中のどこよりも、アメリカ人はゆっくりと動く印刷機の時代に早々と確実に別れを告げ、テレビがすべての制度を支配することを認めてしまった。アメリカはテレビの時代に突入し、ハクスリーが世界に示した未来の姿を最も明確に具体化した。

こういう話をする人はほぼヒステリーのような高い声を出すもので、意気地なしとか、社会の厄介者とか、不吉な預言者と言われて非難される。しかし、そういう人はやさしくしてもらえないときにやさしくしてもらいたいために高い声を出すのである。オーウェルの世界はハクスリーの世界よりずっと認識しやすく、抵抗しやすい世界といえる。刑務所の門がわたしたちを閉じ込めるとき、人間環境にあるすべてのものが刑務所の存在を知り、これに抵抗するための準備を整えてくれる。

たとえばサハロフ（一九二一～八九　ソ連の核開発科学者。のち反核運動に転じた）、フェリックス・ティンマーマン（一八八六～一九四七　ベルギー出身の作家・画家）、そしてレフ・ワレサ（一九四三～　ポーランドの労働組合「連帯」指導者）の声が必要になってくる。ミルトン、ベーコン、ヴォルテール、ゲーテ、ジェファーソンらの精神に支えられ、多数の圧政に対して武器をとることができる。

しかし耳を傾けるべき叫びや怒りが存在しなかったらどうだろう？　多数の娯楽に対して、誰が武器を準備するだろう？　まじめな議論がクスクス笑いに変わるとき、誰に対して、何時、どのような調子で、不満の声をあげればよいだろう？　文化が笑いによって溶解されていくとき、そのための解毒剤はあるのだろうか？

わたしたちの知っている哲学者がこのことについて指標を与えてくれないのが不安だ。哲学者の警告は意図して定式化された主義主張に向けられ、そうした主義主張は人間の性質のなかでも最悪のものにうったえかける。しかしアメリカで起こっているのは、思想を示す主義主張を立案することではない。『わが闘争』も『共産党宣言』もこうした状況の出現を予告しなかった。

社会での会話様式が思いがけず大きく変化したため、そうした状況に至ってしまった。それでもなお、そうした状況が主義主張でありうるのは、状況が人生のあり方や、人間同士や観念相互を結ぶ関係を押しつけてくるからであり、その状況について意見の同意や議論や反論はまったくなされなかった。承諾だけがあった。

アメリカ人はいまだに技術が主義主張だという点を自覚していない。人間の目を使う技術が、過去八〇年間にアメリカにおけるすべての生活様式を変えたという事実にもかかわらず、こうしたことが自覚されていない。例えば一九〇五年、自動車が文化を変えることを知らなくても自動車を所有したり運転をすることは許された。

当時、自動車が社会生活や性生活をどう送っていくか教えてくれることを誰が疑っただろう？　この国にある森林や都市をどうすればよいかという考え方を誰が修正できただろう？

個人の主体性や社会での立場を表明する新たな方法を誰が創出できただろう?

しかし、このゲームが始まってかなり時間が経ち、もうゲームのなりゆきを無視できなくなっている。すでに手遅れとなった現在、技術が社会を変えるような計画を装備しているのを知らないこと、技術が公平中立であると主張すること、技術が文化と仲良しだと仮定すること、こうしたことは単純で無邪気な愚かさだと言える。

さらに現在、わたしたちはコミュニケーションの様式を変えた技術変革が輸送の様式を変えた変革とは異なり、主義主張を装備していることを知っている。アルファベットを文化に導入すれば、文化における認知習慣を変え、社会関係を変え、地域社会や歴史や宗教という概念を変えることができる。

可動の活版印刷機を導入しても同じことができる。映像の光速通信を導入すれば文化を変革できる。投票もなく、論争もなく、ゲリラの抵抗運動もない。不穏ではあるが純粋な主義主張がここに存在する。言葉は伴わないが言葉の不在ゆえにさらに強力な主義主張がここに存在する。

このことを実証しろと要求されているのは、物事は進歩すると心から信じているアメリカ国民だ。全アメリカ人がこういう意味でマルクス主義者である理由は、歴史があらかじめ定められた楽園へわたしたちを導くことや、技術が時代の移り変わりの背景にあること以外、わたしたちは何も信じていないからだ。

本書のような本を書こうと思っている人、あるいはその本の結末を苦しみに対する治療法で終わらせたいと思っている人には、ほぼ克服できそうにない困難がある。第一にすべての人が治療を必要としていないからであり、第二に治療法など存在しないからだ。しかし問題が存在するところには必ず解決法があるという信念をもつ頑固なアメリカ人として、わたしは以下のことを結論としたい。

まず、わたしたちはジェリー・マンダーが著書『テレビを排除するための四つの理由』（一九七八年）で示したような徹底したラッダイト（一八世紀英国の産業革命期に機械破壊運動を起こした職工集団）のような立場をとって、自分自身を欺いてはいけない。アメリカ人は技術を駆使した装置がまったく役に立たないからといって、その一部を停止したりはしない。

情報媒体の可能性を修正するような重要な変革を期待するのも同じように現実に即していない。法律によってテレビの視聴時間を規制する文明国はうまく機能して、社会生活に与えるテレビの影響を弱めるだろう。だが、わたしはアメリカではそういう可能性がないと考えている。幸福をもたらす情報媒体のすべてを一般視聴のために公開してしまったら、その一部でも停止できない。だが次のような方向に沿って考える人がまだ存在している。わたしは一九八四年九月二七日付「ニューヨーク・タイムズ」紙に、コネチカット州ファーミントンの図書議会が出資者となった計画「テレビを消そう」について記事を書いた。

市民が一ヶ月間テレビを見ないようにしようという考えから、その前年から実行された計画だった。「タイムズ」紙は前年一月中に、テレビを消す運動は広く情報媒体に注目されたと報道している。エレン・バドコック夫人の家族はこの運動に参加したが、夫人は記事のなかでこう語っている。「去年はマスコミがすごく取り上げてくれたけれど、今年も同じようだとうれしいです」。

この発言を言い換えると、バドコック夫人は市民がテレビを見ることによって、テレビを見ないことを学ぶようにと願っている。バドコック夫人が矛盾した立場にあるのを認識しているとは思えない。これはテレビを拒否することを訴えている本をテレビ出演して宣伝するようにと何度も言われた、わたしが抱えてきた矛盾と同じものだ。このような矛盾はテレビを基盤にした文化に見られる矛盾律だ。

いずれにせよ、一ヶ月間テレビを消す運動はどれだけ効果があったか？　わずかな効果しかなかった。つまり罪の償い程度だ。ファーミントンの市民が罪を償って自分の職場に戻ったとき、どれほどの慰めを感じられただろう？　それでも、例えば過剰な暴力や子供番組でのコマーシャルなどに対してある種の規制を行なって、そこに救いを見出さなければならないように、彼らの努力を評価しなければならない。

　現在、タバコや酒類のコマーシャルを規制しているように、テレビから政治コマーシャルを規制すべきだというジョン・リンゼイの意見にわたしは賛成したい。この優れた考えがもたらす多方面への恩恵について、連邦通信委員会の前でよろこんで証言したい。わたしの証言が、憲法修正第一条（合衆国憲法で、議会が宗教・言論・集会・請願などの自由に干渉するのを禁じた条項）に対する明らかな違反だとする人に対しては妥協案を示したい。政治コマーシャルが放送される直前に、一般良識は政治コマーシャルが地域社会の知的健康状態にとって有害であるという短い警告文を表示すること。

　わたしはこういう表示を見た人がまじめに受け取ってくれると思うほど楽観していない。テレビ番組の質を改善するという提案を信用するわけにもいかない。すでに述べてきたように、テレビはガラクタのエンタテイメント番組を放送する際に、最も効果のある影響を与える。テレビはニュース、政治、科学、教育、商業、宗教といったまじめな情報伝達形式《ディスコース》を勝手に利用し、エンタテイメント番組のパッケージに作り変えてしまうときに最も悪い影響を与える。
　テレビがさらに俗悪化し良質にならないなら、いっせいにスイッチを切るべきだ。わたしたちにとって、テレビ番組「特攻野郎Aチーム」（一九八三～八七年にNBCが放送したアクションドラマ）や「チアーズ」（第一〇章参照）は脅威とならないが、「60ミニッツ」（一九六八～　CBSが放送しているニュース番組）、「アイウイットネス・ニュース」（画像中心のニュース構成とアクション中心の映像が特徴の地方テレビ局のニュース番組の形式）、「セサミ・ストリート」は脅威となる。

いずれにせよ、どの番組を見るかが問題なのではない。見ていること自体に問題がある。解決策はどのようにテレビを見たらよいかということだ。より適切な言い方をすれば、いまだにテレビがどういうものであるかを学んでいないということだ。その理由は、よく知られている社会常識などはあてにせず情報とは何であるか、情報が文化をどのように方向づけていくかという問題について、価値ある議論がなされていないからだ。

辛辣な言い方かもしれないが、「情報時代」「情報の爆発」「情報社会」といった言葉を、頻繁にしかも熱心に使う人はいないいからだ。情報の形式、容量、速度、そして文脈が変化するということが、何を意味するかというところまでは理解できたが、それより先へと進歩しているわけではない。

情報とは何か？　もっと正確に言うと多様な情報とは何か？　多様な情報形式とは何か？　知性、知恵、学習のうち、どの概念がそれぞれの形式を押しつけてくるのか？　どの概念がそれぞれの形式を無視したり模倣したりするのか？　それぞれの形式が与える心理学に関わる影響とは何か？　情報と理性とはどのような関係にあるのか？　思考力を最もよく高めるのはどのような種類の情報か？　それぞれの情報形式には倫理にかかわる偏りがあるのか？　情報が過剰にあるということは何を意味するのか？

また、どうしてそのことを知ることができるのか？　重要な文化の意味合いを再定義するときには、新たな資源や伝送速度や文脈を必要とするのか？　例えば、テレビは「敬虔さ」「愛国心」「プライバシー」という言葉に新たな意味を与えられるのか？　テレビは「判断すること」「理解すること」に、新たな意味を与えられるのか？　異質の情報形式はどのように人間を説得するのか？　新聞の「公共性」とテレビの「公共性」はどう違うのか？　異質の情報形式はどのような種類の表現方法を指定してくるのか？

これら多くの質問は、アメリカ人が自分のテレビ装置に疑問を投げかけていく方法について語ったニコラス・ジョンソン（一九七三〜　連邦通信委員会委員長を務めたが、のち組織に異議を唱えた）の言葉を借りたものだ。情報媒体の利用者がその危険性を理解しているなら、危険すぎる情報媒体というものは存在しない。

わたしの解答とマクルーハンの解答は（まったく異なるものだが）、どちらを採るかということが重要なのではない。不満を残さない疑問が投げかけられているかが重要なのだ。疑問を投げかけるというのは呪縛を解くということだ。さらに言い添えると、情報が心理や政治や社会に与える影響についての疑問はコンピュータやテレビにも応用できるということ。わたしはコンピュータ技術が過大に評価されすぎていると思っている。ここではっきり言っておきたいのは、アメリカ人の習慣になってしまっている、考えようとしない不注意さをそのままコンピュータに組み込んでしまったことが、明白な事実だということである。

アメリカ人は疑問を持つことなく、指示された通りにコンピュータを使う。つまりコンピュータ技術の主要課題である、不十分なデータに由来する問題を解決するときに生じる重要な障害については、吟味されないだろうということだ。今から何年かのち、膨大な量のデータと光速データ検索が巨大組織に大きな価値をもたらすが、国民の大多数にとってはそれほど重要ではない問題しか解決できず、多くの問題がそのまま取り残されていることが明らかになる時期がやってくる。

明らかにしたいと思っているのは、情報というものの構造や影響力を深く確実に知ることによってのみ、情報媒体の神話を剥ぎ取ることによってのみ、わたしたちがテレビやコンピュータやその他の情報媒体を制御できるということだ。どうすれば情報媒体の機能を自覚できるだろう？　思い当たる解答は二つだけだ。一つは、無意味なのだが無視できないこと。もう一つは、絶望的だが可能性にかけたいということ。

前者の無意味だという解答は視聴者にテレビを見るのをやめさせるのではなく、テレビをどのように見るべきかについて実証し、テレビがニュース、政治論争、宗教思考その他の概念を、どのように再創造し解体していくかを見せる番組を制作することにある。そういう実証の試みが必然的に「サタデイ・ナイト・ライヴ」（一九七五〜　NBCで放送中のバラエティ・ショー）や「モンティ・パイソン」（一九六九〜七二年にBBCが放送したコメディ・スケッチ・ショー番組）のようなパロディ形式を採るだろうと想像している。テレビが公共向けの思想・情報の伝達《パブリック・ディスコース》を支配しようとしたことを、全米で笑い飛ばそうという考えだ。しかし当然だが最後に笑うのはテレビのほうだ。多数の視聴者に影響を与えるためには、テレビ方式をまねて番組を大いに愉しめるものにしなければならない。結局、批判自体がテレビに利用される。パロディ作家は有名人となり、映画に出演し、テレビ用のコマーシャルに出演して幕を閉じる。

後者の絶望だという解答は、理論として考えると学校に関わる諸問題を発言できるような、コミュニケーションに携わるマスコミに頼らなければならない。これは危機をはらんだ全社会問題を解決するアメリカ流の解決策であり、当然のことだが教育の効用に対する純朴で曖昧な信仰に基づいている。だが、こういうことはめったに起こらない。

現実の問題として期待できる見通しはわずかしかない。学校は文化を形成してきた印刷文字の役割について、本気で研究しようとしたことがない。もちろん、たとえばアルファベットが発明されたのはいつごろかという質問に対して――五〇〇年以内の誤差をもって――答えられる高校生は一〇〇人のうち二人もいない。

わたしはアルファベットが**発明されたもの**だということさえ、大多数が知らないと考えている。わたしが学生にこの質問をしたとき、彼らはまるで木はいつ、雲はいつ発明されたか、と質問されたように当惑していた。このことはロラン・バルト（第五章参照）が指摘したように、人間の歴史を人間の意思に関わりのない自然に変えてしまうのは神話の本質であるということだ。この国の学校に対して、現代神話の呪縛を解き放つ情報媒体の役割を果たせるかどうかと質問するのは、学校がこれまで教えてこなかったことを訊ねることになる。

さらに、現在の状況にはまだ希望が残されている。教育者は自分の生徒に及ぼすテレビの影響力を知っている。コンピュータの導入によってテレビについて多くの議論を行ない、「情報媒体の機能を自覚」できるようになったと言っている。教育者が次の質問に基づいて自覚を得たことは事実だ。

つまり、教育を制御していくためには、どのようにテレビ（あるいはコンピュータやワープロ）を使いこなせるか？　だが今のところ、次の質問には到達していない。テレビ（あるいはコンピュータやワープロ）を制御するためには、どのように教育を行なえばよいか？

この問題の解決のためには、現在テレビについて理解している範囲を、あるいは何のためにアメリカの夢を追うのかというわたしたちの前にたちはだかる疑問を、のりこえていかなければならない。さらなる課題としては、若者が文化の中にある象徴を解釈できるように学ばせることにあるが、このこと自体はよく知られている。

現在のところ、この課題によって若者が自分の持っている情報形式とどのくらい距離を置くかを学ぶことを求めなければならないが、これはテレビ向けの奇想天外な計画ではないので、授業に組み込めない。また教育の中心に据えられない。

ここで解決策として提案したことは、オールダス・ハクスリーも提案したことであり、わたしの提案はハクスリーより良い提案であるとは言えない。ハクスリーは次のようなH・G・ウエルズ[*4]の考え方を信じている。わたしたちは教育と災厄とが競い合っている時代に生きているという考え方だ。

ハクスリー自身は政治と情報媒体についての認識が必要なことをつねに訴えてきた。最後になるが、ハクスリーは『すばらしい新世界』に登場する人々を苦しめているものの正体をわたしたちに語ろうとした。つまり、人々が苦しんでいるのは、考えるかわりに笑っていられるからではなく、何を笑っているのかを、また何故考えるのをやめたかを、知らなかったからだ。

〈訳注〉

1 **『一九八四年』** 一九四九年に出版されたジョージ・オーウェル晩年の作品。三つの超大国が支配する一九八四年、オセアニアは「ビッグ・ブラザー」が統制する全体主義国家になっていた。真理省の役人ウィンストン・スミスは、非人間的な体制の歪みを自覚し、禁止されていた日記をつけ始める。

2 **『動物農場』** 一九四五年に出版されたジョージ・オーウェルの政治的・社会的寓話。オーウェルは一九三六年一二月、スペイン内戦を報道する従軍記者として、マルクス主義統一労働党POUMの市民軍に入隊する。このときの経験を生かし、『動物農場』と『一九八四年』の構想を描き始めた。『動物農場』はブタを主人公にして、スターリン支配下の欺瞞に満ちた全体主義体制を痛烈に批判した作品。

3 **『真昼の暗黒』** 一九四一年に出版されたアーサー・ケストラーの小説。スターリンが共産党員に対して行なった粛清の魔手は、熱心な革命派である古参の共産党員ニコライ・ルバショフをも巻き込んでいく。ケストラー（一九〇五〜八三）はハンガリーのブタペスト生まれ。ウイーン大学工学部で物理学を学ぶが、中東や東欧などで政治活動を行ないながらジャーナリストとして活躍し、一九四八年にイギリスに帰化。既存の学問の枠を超えた視点で、独自の思想を築き上げた。

4 **H・G・ウェルズ** （一八六六〜一九四六）ハーバート・ジョージ・ウェルズには、SF作家という印象が強いが、ウェルズの著作一五六冊を見てみると、学際研究家としての全体像が浮かぶ。一九三八年に出版された著書『世界の頭脳』（一九八七年刊）は、生物学的な観点を基盤にして、知識にかかわる情報と教育組織を統合した「新百科全書運動」を提唱している。

編集部あとがき

テレビは世界をどう変えたか？　家族共通のものだったテレビが、やがてパソコンとなって個人に対応し始め、一人ひとりが携帯するスマホになり、「家族」という共同体は、知らないうちに解体させられてしまった。そして現在、利用者は夜も昼も絶えず脈絡を持たない情報にさらされつづけて、いつの間にか情報の洪水に流されてしまっている。私たちは無意識に自ら考えることを放棄し、生活のすべてを情報機器に依存し判断を仰ぐようになってきているのではないだろうか。

かつてG・オーウェルが『一九八四年』で描いたテレスクリーンが、利用者たちに愛される形で家庭に入り込んだとき、誰がその将来を予想しただろう。一九五〇年代にSF作家レイ・ブラッドベリは『華氏四五一度』で、室内の壁面いっぱいに広がる巨大なスクリーンが、音響と色彩を漲らせて人間を奴隷化する世界を描いた。

テレビというメディアにおいては大衆の心を掴むために表現は単純化され、やがて《わかりやすく》から《愉しく》、そして深刻なニュースすらも娯楽化されている。

原書の副題「ショー・ビジネス（言い換えれば娯楽万能）時代の公共の意思伝達」はテレビの本質を言い当てている。テレビは家族の会話を失くし、子どもをおとなしくさせる機械だ。そのなかに世界のすべての事実が入っていると視聴者が思い込むように作られた「視る」家具であり、つけっぱなしにしておくのが習慣になっている装置でもある。家庭に入り込んで愉しませながら、いつの間にかTVに出ていない事象の存在を忘れさせ、画面に映るものだけが真実だと思わせるようになった。

「テレビに映る出来事以外は、何一つ本物じゃない」と視聴者が無意識に思い込まされている現代。我々は過去には戻れないが、スイッチを切ることはできる。テレビの負の部分を知ってその容易さをどこかで止め、自らが考える時間を作り出し、薬や機材に頼ることなく自分で考える——そこから再び始める必要があろう。人間こそが文化であり、その自覚から我々の進歩が生まれるのだから。


本書はテレビの正体を余すところなく明らかにした。テレビのない生活は考えられない現在、それが何を生み出し、何を失わせつつあるかを読者に考えさせる《衝撃の一冊》だ。

【参考文献】

関連図書は多数あるのでここでは特に本書に関係の深い出版物のみに留めておく。(編集部)

＊マス・コミの自由に関する四理論／1956／F・S・シーバート、T・B・ピースタン、W・シュラム／邦訳：1953／現代社会科学叢書／東京創元社／
＊かくれた説得者／ヴァンス・パッカード／1957／邦訳：1958／林周二・訳／パッカード著作集1／ダイヤモンド社／
＊幻影の時代　――マスコミが製造する事実／1962／ダニエル・ブーアスティン／邦訳：1974／星野郁美&後藤和彦：共訳／現代社会科学叢書／東京創元社／
＊意識産業／ハンス・マグヌス・エンツェンスベルガー／1963／邦訳：1970／石黒英男・訳／晶文選書／晶文社／
＊第五の壁　テレビ　――その歴史的変遷と実態／1967／W・リンクス／邦訳：1978／山本透・訳／現代社会科学叢書／東京創元社／
＊やむをえぬ事情により／フレッド・フレンドリー／1968／邦訳：1970／岡本幸雄・訳／現代ジャーナリズム選書／早川書房／
＊ピープル・マシーン　――テレビと政治――／ロバート・マクニール／1968／邦訳：1970／藤原恒太・訳／現代ジャーナリズム選書／早川書房／

＊**ヒトラーはここにいる**／アレキサンダー・ケンドリック／1969／邦訳：1973／岡本幸雄・訳／サイマル出版会／
＊**日本の情報産業①情報時代の支配者たち**／YTV情報産業研究グループ編／1975／大衆操作の生態学的研究／電通・商社・電電公社・新聞・NHKの徹底分析／サイマル出版会／
＊**日本の情報産業②情報産業としての宗教**／YTV情報産業研究グループ編／1976／大衆操作の生態学的研究／霊友会・創価学会・天理教・PL教団・金光教・天照皇大神宮教・出羽三山・恐山／サイマル出版会／
＊**日本の情報産業③幻影の中の情報企業**／YTV情報産業研究グループ編／1977／大衆操作の生態学的研究／CATV・パッケージ・教育機器・出版・ファッション・シンクタンク・コンサルタントの批判的総点検／サイマル出版会／
＊**メディア・セックス**／ウィルソン・ブライアン・キイ／1976／邦訳：1989／植島啓司・訳／リブロポート／
＊**メディア・レイプ**／ウィルソン・ブライアン・キイ／1989／鈴木晶・入江良平：共訳／邦訳：1991／リブロポート／
＊**死のテレビ実験――**人はそこまで服従するのか――／クリストフ・ニック&ミシェル・エルチャニノフ／2010／邦訳：2011／高野優・監訳／河出書房新社／

著者：ニール・ポストマン（Neil Postman：1931～2003）ニューヨーク生まれ。1955年コロンビア大学で教育修士号、58年に教育博士号取得。59年からNCU（ニューヨーク大学）に就任。71年メディア・エコロジーの講座を設置。教育学部唯一の大学教授。著作に、The Disappearance of Childhood（1982年／邦訳『子供はもういない』2001年・新樹社刊）、Technopoly（1992年／邦訳『技術VS人間』1994年・新樹社刊）、How to Watch TV News（1992年／邦訳『TVニュース七つの大罪』1995年・クレスト社刊）などがある。

訳者：今井幹晴　法政大学文学部卒。翻訳家。訳書にN・シャッフナー『神秘――ピンク・フロイド』1993年・宝島社、P・ホウ『ボーダーライナーズ』2002年・求龍堂、A・ストー『天才は如何に鬱を手なずけたか』2007年・求龍堂、H・C・カトラー『ダライ・ラマ　こころの育て方』2011年・春秋社、など。

愉しみながら死んでいく
―思考停止をもたらすテレビの恐怖―

2015年1月31日　第1版第1刷発行
著　　者　ニール・ポストマン
訳　　者　今井　幹晴
発 行 者　小番　伊佐夫
発 行 所　株式会社 三一書房
〒101-0051 東京都千代田区神田神保町3-1-6
電話：03-6268-9714　FAX：03-6268-9754
メール：info@31shobo.com
ホームページ：http://31shobo.com/

編集協力　大西　旦
装　　丁　野本　卓司
ＤＴＰ　市川　貴俊
印刷製本　中央精版印刷

ISBN978-4-380-14005-1 C0036
Printed in Japan